理工数学シリーズ

統計力学

基礎編

村上雅人
飯田和昌
小林忍

飛翔舎

はじめに

　熱力学は現代科学の根幹をなす重要な学問である。ただし、熱力学が建設された時代には、分子や原子などのミクロ粒子の存在が明らかになってはいなかった。それでも、熱機関が牽引する産業発展とともに、熱力学の数学的な解析も進展し工業社会の礎となったのである。

　しかし、熱力学に登場する変数（および関数）は、多数のミクロ粒子からなる集団としての挙動に関係しているはずである。それならば、熱力学で登場するエンタルピー、エントロピーなどの関数は、基本的には、多数のミクロ粒子の統計的な解析によって理解することが可能となるはずである。このミクロとマクロの橋渡し役を担うのが統計力学なのである。

　そして、統計力学によって、それまで曖昧模糊として捉えどころの無かった熱力学関数に血が通いだすのである。しかも、ミクロとマクロの融合がなされ、熱力学の本質さえもが明らかになっていく。まさに、熱力学という一流の推理小説の謎が、統計力学という探偵によって明らかになっていく、そんな感覚を与えてくれる学問なのである。

　本書を通して、多くの読者が統計力学の有用性と面白さに気づいてくれることを期待している。

2023 年　春

著者　村上雅人、飯田和昌、小林忍

もくじ

第 1 章　熱力学関数

　この章では、統計力学への橋渡しとして、熱力学関数間の関係を整理しておきたい。　まず、高校までの授業では、つぎの気体の**状態方程式** (equation of state) を習う。

$$PV = nRT$$

P は気体の**圧力** (pressure)、V は**体積** (volume)、T は**温度** (temperature) であり、n は**モル数** (molar number)、R は**気体定数** (gas constant) である。ただし、統計力学との対応では、気体分子の数を N として

$$PV = Nk_\mathrm{B}T$$

を使う。このとき、k_B は**ボルツマン定数** (Boltzmann constant) と呼ばれ、気体定数 R とは

$$k_\mathrm{B} = R / N_\mathrm{A}$$

の関係にある。ただし、N_A は**アボガドロ数** (Avogadro's number) である。R=8.31 [J/K・mol]であり、N_A=6.02×10^{23}[mol^{-1}]であるから、k_B は

$$k_\mathrm{B} = 1.38×10^{-23}[\mathrm{J/K}]$$

と与えられる。状態方程式に登場する物理量はいずれも測定可能であり、なじみがあり、わかりやすい。

　一方、**熱力学** (thermodynamics) に登場する物理量は、**内部エネルギー** (internal energy) U や**エントロピー** (entropy) S などのように、直接測定できないものが多いうえ、数学的処理によって関数間の関係が得られることから、初学者を悩ませる一因となっている。

　統計力学 (statistical mechanics) では、熱力学において得られた関数を、ミクロ粒子の挙動から説明する。そこで、本章では**熱力学関数** (thermodynamic function) について整理しておく。

1.1. 熱力学関数

熱力学関数を取り扱うときの基本は、**熱力学の第一法則** (the first law of thermodynamics) であり、つぎの式によって与えられる。

$$dQ = dU + PdV$$

これは、系に熱 dQ を加えると、その一部は外部への仕事 PdV に使われ、残りは内部エネルギー dU として系に蓄えられるという熱力学版の**エネルギー保存則** (conservation law of energy) である。

ここで、エントロピーの定義

$$dS = \frac{dQ}{T} \qquad \text{つまり} \qquad dQ = TdS$$

を使うと

$$TdS = dU + PdV$$

という関係式が得られる。これを変形すると

$$dU = TdS - PdV$$

となるが、熱力学関数の全微分形を求める際の基本式となる。

この式を眺めると、左辺はエネルギーであるから、右辺は互いに共役な熱力学変数 T と S および P と V の積となっている[1]。

また、この式から、内部エネルギー U の自然な変数はエントロピー S と体積 V とされる。それは、U を S と V の関数 $U(S,V)$ として全微分をとればわかる。このとき

$$dU = dU(S,V) = \frac{\partial U(S,V)}{\partial S}dS + \frac{\partial U(S,V)}{\partial V}dV$$

と与えられる。あるいは

$$dU = \left(\frac{\partial U}{\partial S}\right)_V dS + \left(\frac{\partial U}{\partial V}\right)_S dV$$

とも表記する。ここで

$$dU = T\,dS - P\,dV$$

との対応関係を見れば

---

[1] 互いに共役とは積をとればエネルギーとなる変数の対のことである。

$$\left(\frac{\partial U}{\partial S}\right)_V = T \qquad \left(\frac{\partial U}{\partial V}\right)_S = -P$$

となることがわかる。最初の T の式を、熱力学的温度の定義とする場合もある。

演習 1-1　エンタルピー $H = U + PV$ をエントロピー S と圧力 P の関数 $H(S, P)$ とみなして、その全微分形を求めよ。

解）　$H = U + PV$ の両辺の微分をとると

$$dH = dU + PdV + VdP$$

となる。このままでは、S の関数とはなっていない。

そこで、熱力学第 1 法則に対応した式

$$TdS = dU + PdV$$

を使うと

$$dH = TdS + VdP$$

となり、エントロピー S と圧力 P の関数となる

ここで、$H(S, P)$ として全微分を考えると

$$dH = dH(S, P) = \left(\frac{\partial H}{\partial S}\right)_P dS + \left(\frac{\partial H}{\partial P}\right)_S dP$$

となるので

$$\left(\frac{\partial H}{\partial S}\right)_P = T \qquad \left(\frac{\partial H}{\partial P}\right)_S = V$$

という関係が得られる。

演習 1-2　ヘルムホルツの自由エネルギー $F = U - TS$ を、温度 T および体積 V の関数 $F(T, V)$ とみなして、その全微分形を求めよ。

解）　dF が、dT と dV の関数として表現できればよい。まず

$$dF = dU - TdS - SdT$$

である。ここで、熱力学第 1 法則に対応した式

$$TdS = dU + PdV$$

を代入すると

$$dF = -SdT - PdV$$

となる。

　ここで、$F(T, V)$ として全微分を考えると

$$dF = dF(T,V) = \left(\frac{\partial F}{\partial T}\right)_V dT + \left(\frac{\partial F}{\partial V}\right)_T dV$$

となるので

$$\left(\frac{\partial F}{\partial T}\right)_V = -S \qquad \left(\frac{\partial F}{\partial V}\right)_T = -P$$

という関係が得られる。

　それでは、**ギブスの自由エネルギー**G (Gibbs free energy)

$$G = H - TS = U + PV - TS$$

について見てみよう。

　両辺を微分すると

$$dG = dU + PdV + VdP - TdS - SdT$$

となる。

　ここで、ふたたび、熱力学の第一法則に対応した式

$$TdS = dU + PdV$$

を代入すると

$$dG = dU + PdV + VdP - (dU + PdV) - SdT$$

から

$$dG = VdP - SdT$$

となる。

　ここで、G の独立変数を P, T とみなすと

$$dG = dG(P,T) = \left(\frac{\partial G}{\partial P}\right)_T dP + \left(\frac{\partial G}{\partial T}\right)_P dT$$

となる。したがって

$$\left(\frac{\partial G}{\partial P}\right)_T = V \qquad \left(\frac{\partial G}{\partial T}\right)_P = -S$$

という関係が得られる。

ここで、エントロピーSと2種類の自由エネルギーの関係をまとめると

$$S = -\left(\frac{\partial F}{\partial T}\right)_V \qquad S = -\left(\frac{\partial G}{\partial T}\right)_P$$

となり、体積Vが一定の場合、ヘルムホルツの自由エネルギーFの温度変化に負の符号をつけたものがエントロピーSとなる。一方、圧力Pが一定の場合、ギブスの自由エネルギーGの温度変化に負の符号をつけたものがエントロピーSとなる。

普段の実験は、大気圧下（すなわち圧力一定下）で行われるので、ギブスの自由エネルギー G が主役となるが、体積変化を考えなくともよい環境下では、ヘルムホルツの自由エネルギー F の方が活躍することになる。

最後に熱力学関数の全微分形をまとめておこう。

熱力学関数	自然な変数	全微分式
内部エネルギー		
U	S, V	$dU = TdS - PdV$
エンタルピー		
$H = U + PV$	S, P	$dH = TdS + VdP$
ヘルムホルツの自由エネルギー		
$F = U - TS$	T, V	$dF = -SdT - PdV$
ギブスの自由エネルギー		
$G = H - TS$	T, P	$dG = -SdT + VdP$

後ほど示すように、これら関係は、Uのルジャンドル変換によってすべて導出することができる。

演習 1-3　内部エネルギーUとヘルムホルツの自由エネルギーFの関係を示す式を導出せよ。

解）　$F = U - TS$　であるから

$$U = F + TS$$

となる。ここで

$$S = -\left(\frac{\partial F}{\partial T}\right)_V$$

という関係にあるので

$$U = F - T\left(\frac{\partial F}{\partial T}\right)_V$$

となる。

ここで、F/T を T に関して微分してみよう。すると

$$\frac{d}{dT}\left(\frac{F}{T}\right) = \frac{1}{T}\frac{dF}{dT} - F\frac{1}{T^2}$$

となる。したがって

$$T^2\frac{d}{dT}\left(\frac{F}{T}\right) = T\frac{dF}{dT} - F$$

となる。よって

$$U = F - T\left(\frac{\partial F}{\partial T}\right)_V = -T^2\left[\frac{\partial}{\partial T}\left(\frac{F}{T}\right)\right]_V$$

という関係が得られる。

この式を**ギブス・ヘルムホルツの式** (Gibbs-Helmholtz equation) と呼んでいる。この関係も統計力学で利用する。

最後に、エントロピーの全微分形を見ておこう。

$$TdS = dU + PdV$$

を変形すると

$$dS = \frac{1}{T}dU + \frac{P}{T}dV$$

となる。よって、エントロピー S は内部エネルギー U と体積 V を自然な変数とする関数 $S(U, V)$ であることがわかる。

ここで、$S(U, V)$ の全微分は

$$dS = dS(U,V) = \frac{\partial S(U,V)}{\partial U}dU + \frac{\partial S(U,V)}{\partial V}dV$$

となる。あるいは

$$dS = \left(\frac{\partial S}{\partial U}\right)_V dU + \left(\frac{\partial S}{\partial V}\right)_U dV$$

と略記する。

これを先ほど求めた dS の式と項を比較すれば

$$\left(\frac{\partial S}{\partial U}\right)_V = \frac{1}{T} \qquad \left(\frac{\partial S}{\partial V}\right)_U = \frac{P}{T}$$

という関係が得られる。

1.2.　粒子数が変化する系

いままでの取り扱いは、暗に、粒子数 N は変化しないという仮定のもとで、熱力学関数の微分形を導出してきた。

では、粒子数が変化する場合には、どのような修正が必要になるのであろうか。そのためには、1 粒子あたりの自由エネルギーである**化学ポテンシャル** (chemical potential) : μ を考えると、この修正が可能である。

まず、ギブスの自由エネルギー G は

$$dG(P,T) = V\,dP - S\,dT$$

であった。ここで、P, T を一定に保ったときに、粒子 1 個増やしたときの自由エネルギー変化が

$$\mu = \left(\frac{\partial G}{\partial N}\right)_{P,T}$$

と与えられると考えると、粒子数の変化を取り入れた修正は

$$dG(P,T,N) = VdP - SdT + \mu\,dN$$

となる。

この右辺の項は、すべてエネルギーと同じ単位となっている。同様にして、ヘルムホルツの自由エネルギー F は

$$dF(T,V) = -S\,dT - P\,dV$$

であったが、T, V を一定にして、粒子数 1 個増やしたときの F の変化が化学ポ

テンシャルとすると

$$\mu = \left(\frac{\partial F}{\partial N}\right)_{T,V}$$

であるので

$$dF(T,V,N) = -S\,dT - P\,dV + \mu\,dN$$

と修正されることになる。

演習 1-4 内部エネルギー U の全微分形に化学ポテンシャル μ の項を取り入れよ。

解） 内部エネルギーは

$$dU(S,V) = TdS - PdV$$

となる。ここで、S, V を一定に保ったときに、粒子 1 個増やしたときの内部エネルギーの変化が

$$\mu = \left(\frac{\partial U}{\partial N}\right)_{S,V}$$

とすると、粒子数の変化を取り入れた修正は

$$dU(S,V,N) = TdS - PdV + \mu\,dN$$

となる。

つまり、このときの化学ポテンシャルは、S, V が一定という条件のもとでは、1 個の粒子が持つ内部エネルギーとみなすことができるのである。

それでは、最後に、エントロピー S と化学ポテンシャル μ の関係を導いてみよう。いま求めた

$$dU = TdS - PdV + \mu\,dN$$

を変形すると

$$dS = \frac{dU}{T} + \frac{P}{T}dV - \frac{\mu}{T}dN$$

という関係が得られる。したがって

$$\mu = -T\left(\frac{\partial S}{\partial N}\right)_{U,V}$$

となる。ここで、もうひとつ重要な式を導出しておこう。

T と P が一定では

$$G = N\mu$$

であったので、その全微分は

$$dG = N\,d\mu + \mu\,dN$$

となる。この式と、先ほど求めた

$$dG = VdP - SdT + \mu\,dN$$

と比較すると

$$V\,dP - S\,dT = N\,d\mu$$

から

$$V\,dP - S\,dT - N\,d\mu = 0$$

という関係が得られる。

　この式を**ギブス・デューヘムの式** (Gibbs-Duhem equation) と呼んでいる。この式も、すべて共役変数の積となっている。

1. 3.　ルジャンドル変換

　変数変換の一種に**ルジャンドル変換** (Legendre transformation) と呼ばれるものがある。フランスの数学者**ルジャンドル** (Andrien-Marie Legendre, 1752-1833) が解析力学におけるラグランジアン (L) をハミルトニアン (H) に変換する際に用いたとされている。実は、ルジャンドル変換は、熱力学関数間の変換において重要な役割を果たす。

　それでは、ルジャンドル変換とは、どのような手法なのであろうか。その基本から復習してみる。

　図 1-1 に示すような $y = f(x)$ という下に凸の関数を考える。この曲線 $y = f(x)$ 上の点 (x, y) を考え、この点での接線の傾きを p とする。この接線と y 軸の交点、すなわち y 切片を $g(p)$ とすると、接線を表す式は

$$y = px + g(p)$$

となる。

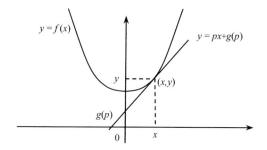

図1-1　ルジャンドル変換における変数変換

　このとき、曲線上の点 (x, y) に $(p, g(p))$ が1対1で対応する。そして、この曲線上の点はすべて、新しい変数 p で表現することができる。

　つまり

$$(x, f(x)) \rightarrow (p, g(p))$$

のような変数変換が可能となる。これをルジャンドル変換と呼ぶのである。ただし、グラフのかたちによっては、このような変換ができない場合がある。その好例が $y = ax + b$ である。基本的には、下に凸（あるいは上に凸）のかたちをした関数が対象となる。

　それでは $g(p)$ を求めてみよう。

$$y = f(x) = px + g(p)$$

であるから

$$g(p) = f(x) - px$$

となる。ただし、p は接線の傾きであるから

$$p = f'(x) = y'$$

という関係にある。

演習 1-5　関数 $y = x^2$ にルジャンドル変換を施した結果得られる関数 $g(p)$ を求めよ。

　解）
$$g(p) = f(x) - px = x^2 - px$$

であるが

$$p = f'(x) = y' = 2x$$

から　$x = p/2$ となる。したがって

$$g(p) = \left(\frac{p}{2}\right)^2 - p \cdot \frac{p}{2} = -\frac{p^2}{4}$$

となる。

　いまの例は、1 変数関数の場合であるが、ルジャンドル変換は多変数関数に容易に拡張でき、微係数を変数として新たな関数を作りたい場合に威力を発揮する。

　ところで、微係数を新たな変数とする必要性などあるのであろうか。実は、熱力学においては、多くの熱力学関数および変数が、微分のかたちで得られる。このため、ルジャンドル変換が大活躍することになるのである。

　それでは、多変数関数におけるルジャンドル変換を考えていこう。まず、2 変数関数 $f(x,y)$ を考える。この全微分は

$$df(x,y) = \frac{\partial f(x,y)}{\partial x} dx + \frac{\partial f(x,y)}{\partial y} dy$$

となる。略記号を使うと

$$df = f_x dx + f_y dy$$

となる。ここで、独立変数 x のかわりに、微係数 f_x を変数とする関数をつくりたいものとしよう。そして、新たな関数 $g(f_x, y)$ を

$$g(f_x, y) = f(x,y) - f_x x$$

と置く。

　これが $x \to f_x$ のルジャンドル変換である。$g(f_x, y)$ の全微分は

$$dg = df - f_x dx - x df_x$$

となる。

　先ほどの df を代入すると

$$dg = -x df_x + f_y dy$$

となる。もとの

$$df = f_x dx + f_y dy$$

と比べると、x の項だけ変数が入れ替わっていることがわかるであろう。これは、3 変数、4 変数と変数の数が増えても同様である。例として、3 変数関数 $f(x,y,z)$

を考える。この全微分は

$$df(x,y,z) = \frac{\partial f(x,y,z)}{\partial x}dx + \frac{\partial f(x,y,z)}{\partial y}dy + \frac{\partial f(x,y,z)}{\partial z}dz$$

となる。略記号を使うと

$$df = f_x dx + f_y dy + f_z dz$$

となる。

　ここで y のかわりに、微係数 f_y を変数とする関数をつくりたいものとしよう。そして、新たな関数 $g(x, f_y, z)$ を

$$g(x, f_y, z) = f(x,y,z) - f_y y$$

と置こう。

　これが、$y \rightarrow f_y$ のルジャンドル変換である。ところで、$g(x, f_y, z)$ の全微分は

$$dg = df - f_y dy - y df_y$$

となる。したがって

$$dg = f_x dx - y df_y + f_z dz$$

となり、確かに、変数 y が f_y にかわっていることがわかる。

　さて、いまの 3 変数関数において、変数を 2 個変えたい場合はどうしたらよいであろうか。たとえば、x, z のかわりに f_x, f_z を変数とする関数をつくりたいものとしよう。この場合は、新たな関数を

$$g(f_x, y, f_z) = f(x,y,z) - f_x x - f_z z$$

と置けばよいのである。すると

$$dg = -x df_x + f_y dy - z df_z$$

となり、2 個の変数を変換できる。

1.4. 熱力学とルジャンドル変換

　熱力学の基本式は熱力学の第一法則から導出される

$$dU = TdS - PdV$$

であった。これを全微分形とみなせば、内部エネルギーU は

$$U = U(V, S)$$

のように、体積 V とエントロピーS の関数であるとみなすことができる。すでに、紹介したように、熱力学関数は状態量であり、全微分可能である。

ここで、$U(V,S)$ の全微分形は

$$dU = \frac{\partial U(V,S)}{\partial S}dS + \frac{\partial U(V,S)}{\partial V}dV = U_S dS + U_V dV$$

となり

$$U_S = \left(\frac{\partial U}{\partial S}\right)_V = T \qquad U_V = \left(\frac{\partial U}{\partial V}\right)_S = -P$$

という関係にある。

このように、熱力学においては、多くの偏微分係数が物理量に対応する。この結果、熱力学では、ルジャンドル変換が大活躍するのである。

それでは、実際に U にルジャンドル変換を施してみよう。ここでは、$S \to U_S$ の変数変換を行う。すると、新たな関数 F は

$$F = U(V,S) - U_S S$$

となる。この全微分形は

$$dF = dU - U_S dS - S dU_S = U_S dS + U_V dV - U_S dS - S dU_S$$
$$= U_V dV - S dU_S$$

と与えられる。ここで、内部エネルギーの偏微分係数は、それぞれ

$$U_V = -P \qquad U_S = T$$

という対応関係にあったから

$$dF = -PdV - S\,dT$$

という関係が新たに得られる。すなわち、新しい関数 F の自然な変数は、体積 V と温度 T ということになり

$$F = F(V,T)$$

となるのである。実は、このルジャンドル変換によって、内部エネルギー U から得られる関数 F が、ヘルムホルツの自由エネルギーなのである。

演習 1-6　内部エネルギー $U = U(V,S)$ において、V に替って偏微分係数 U_V を変数とするルジャンドル変換を施せ。

解）　新たな関数を $H = U(V,S) - U_V V$ と置く。すると

$$dH = dU - U_V dV - V dU_V = U_S dS + U_V dV - U_V dV - V dU_V$$

$$= U_S dS - V dU_V$$

となる。ここで、内部エネルギーUの偏微分係数は、それぞれ

$$U_V = -P \qquad U_S = T$$

であったから

$$dH = TdS + VdP$$

という関係が得られる。

関数Hの自然な変数は、エントロピーSと圧力Pということになり

$$H = H(S, P)$$

となる。実は、このルジャンドル変換によって、内部エネルギーUから得られる関数Hが、すでに紹介したエンタルピーなのである。

それでは、いっきに 2 個の独立変数をルジャンドル変換したらどうなるであろう。

演習 1-7　内部エネルギー$U = U(V, S)$において、Vに替って偏微分係数U_Vを、Sに替わってU_Sを変数とするルジャンドル変換を施せ。

解)　新たな関数を

$$G = U(V, S) - U_S S - U_V V$$

と置く。すると

$$dG = dU - \left(U_S dS + S dU_S \right) - \left(U_V dV + V dU_V \right) = -S\, dU_S - V\, dU_V$$

となるが、内部エネルギーの偏微分係数は

$$U_V = -P \qquad U_S = T$$

であったから

$$dG = -SdT + VdP$$

という関係が得られる。

よって、新しい関数Gの自然な変数は温度Tと圧力Pということになり

$$G = G(T, P)$$

となる。このルジャンドル変換によって、内部エネルギーUから得られる関数Gが、ギブスの自由エネルギーなのである。

　$G(T, P)$ が重用されるのは、この関数の自然な変数が実測可能な温度 T と圧力 P となっているからである。

　以上のように、ルジャンドル変換を使えば、内部エネルギー U から、主要な熱力学関数である F, H, G がすべて導出できるのである。これは、驚くべきことであるが、ギブスは、このような数学的な処理を通して、熱力学の土台を完成していったのである。さらに、ルジャンドル変換と幾何学的な考察をもとに、熱力学の重要な関数としてギブスの自由エネルギーに到達したと考えられる。

　あらためて、F, H, G という熱力学関数を、ルジャンドル変換という観点に立って整理してみよう。これら関数は、内部エネルギー U に対して以下の変換を施したものとみなせる。

$$F = U - TS = U - \left(\frac{\partial U}{\partial S}\right)_V S$$

ここでは、$S \to U_S = T$ という変数変換をしている。

$$H = U + PV = U - \left(\frac{\partial U}{\partial V}\right)_S V$$

ここでは、$V \to U_V = -P$ という変数変換をしている。

$$G = U - TS + PV = U - \left(\frac{\partial U}{\partial S}\right)_V S - \left(\frac{\partial U}{\partial V}\right)_S V$$

この場合は、$S \to U_S = T$ と $V \to U_V = -P$ という 2 変数の変数変換をしている。

　ただし、熱力学においては、ルジャンドル変換ということは明示せずに

$$F = U - TS \qquad H = U + PV \qquad G = U - TS + PV$$

という関係のみが提示される場合もある。そして、$H = U + PV$ を使えば

$$G = H - TS$$

という関係が得られる。

　それでは、最後に、ギブスが提唱した熱力学関数とルジャンドル変換の幾何学的な関係について示しておこう。

$$U = U(V, S)$$

という関数を U-V-S 空間に図示することを考える。ルジャンドル変換は、もとの座標を接線の傾き (p) と切片の座標 $g(p)$ で表したものである。これが 2 変数関数の場合には、接線は、接平面となるはずである。

　ここで、$U(V, S)$ のグラフが図 1-2 のように与えられるとする（実は、ギブスは、いろいろな解析から、U が下に凸な曲面となることに気づいたのである）。

この面上の点である $U(V_1, S_1)$ における接平面を使うと、ルジャンドル変換の様子がわかる。

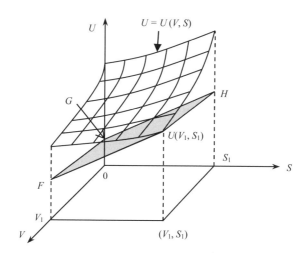

図1-2　$U = U(V, S)$ の接平面とルジャンドル変換による F, H, G との関係

　すなわち、この接平面と、U-V 平面との $V=V_1$ における交点がヘルムホルツの自由エネルギーF であり、U-S 平面と $S=S_1$ における交点がエンタルピーH となる。さらに、この接平面と U 軸との交点がギブスの自由エネルギーG を与える。

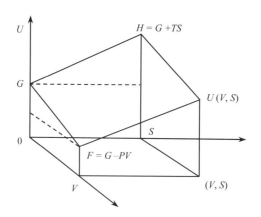

図1-3　$U = U(V, S)$ の接平面

　ここで、これら熱力学関数の関係をより見やすくするために、図 1-3 に接平面のみを描いた。

　この接平面に、U, H, F, G という熱力学関数がすべて位置している。一方、エントロピーは S 軸を担っている。この事実から、S は熱力学関数ではなく、熱力学変数と称すべきという意見もある。

　ここでは、接平面と U 軸との交点である G を中心に考えてみよう。すると、H は G に TS を加えたもの

$$H = G + TS$$

となる。ただし、T は S 軸方向の傾きとなる。

　一方、F は G から PV を引いたもの

$$F = G - PV = G + (-P)V$$

となる。このとき、$-P$ が V 軸方向の傾きとなる。

　ギブスは、このような幾何学的な考察から、G を導出し、その後、平衡状態の解析などに応用したと言われている。

第2章　ミクロカノニカル集団
最も単純化されたミクロ粒子（気体分子）の集団

　統計力学は、熱力学などで登場するマクロな物理量を、ミクロ粒子の運動の統計処理によって説明しようとするものである。

　それでは、もっとも簡単ケースとして、図2-1に示すような場合を想定してみる。外界から熱的に遮断された体積 V の容器のなかに、気体が閉じ込められている。その総分子数は N と一定とし、エネルギーの総和（内部エネルギー：U）も一定としよう。このような粒子の系を**ミクロカノニカル集団** (micro-canonical ensemble) と呼んでいる。

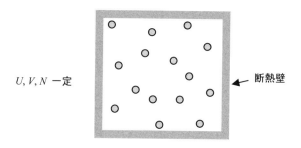

U, V, N 一定　　　　　　　　　　　　← 断熱壁

図 2-1　外界とは、熱や粒子のやりとりのない孤立した体積 V の系を考え、粒子数 N と内部エネルギー U も一定とする。このような粒子の集団を、ミクロカノニカル集団と呼んでいる。

　このような**孤立した系** (isolated system) において、マクロな物理特性と、ミクロな粒子の運動は、どのような関係にあるのだろうか。まず、マクロには

$$PV = Nk_{\mathrm{B}}T$$

という状態方程式が成立する。

　体積 V が一定であるの、N が決まれば、後は、T あるいは P のいずれかがわかれば、状態が決まることになる。

いまの場合は、内部エネルギーUが与えられているので

$$U = \frac{3}{2} N k_\mathrm{B} T$$

という関係から、温度Tも決まっている。よって、マクロには系の状態はわかっている。それでは、何を求めるのか。それは気体分子のエネルギー状態である。全体のエネルギーは一定であっても、個々の分子はランダムに運動していて、常に状態が変化している。

それでは、どうやってマクロとミクロをつなげるか、その橋渡し役が、**エントロピー** (entropy: S) となる。エントロピーは

$$S = k_\mathrm{B} \ln W$$

と与えられ、**ボルツマンの原理** (Boltzmann's principle) と呼ばれている[2]。ここで"ln"は、指数eを底とする**自然対数** (natural logarithm) のことで、$\ln W = \log_e W$という意味である。本書では、"ln"という表記を使用する。

ボルツマンの原理において、Wはミクロ世界の微視的状態の数である。状態数Wとは、ミクロ粒子がとることのできるエネルギー状態の数を示している。

2.1.　等重率の原理

気体分子の状態数Wを求めるための前提として統計力学で導入される**等重率の原理** (principle of equal a priori probabilities) を紹介しよう。この原理は、等確率の原理とも呼ばれている。ただし、これは、原理というよりも、統計的な処理をするための要請と考えたほうがよい。日本名のもととなった英語の a priori は「所与の」という意味である。たとえば、サイコロの目が出る確率は 1 から 6 まで、すべて 1/6 と等しい。この証明はできないが、所与の条件として受け入れている。統計力学における等重率の原理も同じである。

ここで、議論を簡単化するために、粒子の数を 3 個とし、エネルギー準位を$\varepsilon_1 = u$と$\varepsilon_2 = 2u$の 2 個としよう。等重率の原理とは、3 粒子の総エネルギーが指定されたとき、対応する微視的状態の出現確率は等価ということを意味している。

ここで、3 個の粒子を A, B, C と区別したうえで、微視的状態を考える。する

---

[2] ボルツマンの原理に関しては、補遺 2-1 を参照されたい。

と、エネルギーの総和が $E_6 = 6u$ となるのは、3 個とも $2u$ のエネルギー準位を占める場合で、図 2-2(a) に示すように、対応する微視的状態は 1 個しかない。

一方、エネルギーの総和が $E_3 = 3u$ となるのは 3 個ともが $\varepsilon_1 = u$ のエネルギー準位を占める場合であり、図 2-2(b) に示すように、この状態数も 1 個である。

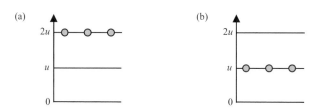

図 2-2　エネルギーの総和が $6u$ と $3u$ となる場合の微視的状態

つぎに、エネルギーの総和が $E_5 = 5u$ となる状態は図 2-3 に示すように 3 個ある。等重率の原理とは、これら 3 個の出現確率が等しいという意味である。

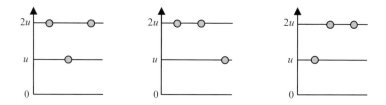

図 2-3　エネルギーの総和が $5u$ となる場合の微視的状態。粒子は左から A, B, C とする。すなわち、個々の粒子は区別できるものとして微視的状態を考えている。

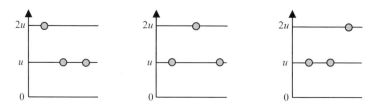

図 2-4　エネルギーの総和が $4u$ となる場合の微視的状態

エネルギーの総和が $E_4 = 4u$ となる状態も図 2-4 に示すように 3 個あるが、等重率の原理によって、これら 3 個の出現確率も同じとなる。

ところで、エネルギー準位が 2 種類ある 3 個の粒子からなる系では、合計 8 個の微視的状態が存在する。エネルギー $6u$ の状態が 1 個、エネルギー $5u$ の状態が 3 個、エネルギー $4u$ の状態が 3 個、エネルギー $3u$ の状態が 1 個となる。

このとき、系のエネルギーが $E_4 = 4u$ となる微視的状態の数は 3 個あるが $E_3 = 3u$ の場合は 1 個しかない。よって、等重率と称しても、系のエネルギー状態の数は、$E_4 = 4u$ のほうが多く、エネルギー状態 E_4 は 3 重に縮退していると言う。**縮重** (degeneracy) と呼ぶ場合もある。

演習 2-1　ミクロ粒子のエネルギー準位が $\varepsilon_1 = u, \varepsilon_2 = 2u, \varepsilon_3 = 3u$ の 3 準位の場合に、3 個の粒子の総エネルギーがどのように変化するかを求めよ。

解）　もっともエネルギーが高いのは、すべての粒子のエネルギー準位が最高の $\varepsilon_3 = 3u$ の場合で $E = 9u$ となる。一方、もっとも低いのは、すべての粒子のエネルギー準位が最低準位の $\varepsilon_1 = u$ にある場合で $E = 3u$ となる。

よって、3 個の系がとりうるエネルギーは $E = 3u, 4u, 5u, 6u, 7u, 8u, 9u$ となる。

演習 2-2　ミクロ粒子のエネルギー準位が $\varepsilon_1 = u, \varepsilon_2 = 2u, \varepsilon_3 = 3u$ の 3 準位の場合に 3 個の粒子のエネルギーが $4u$ および $5u$ となる場合の状態を示せ。

解）　$4u$ となるのは、1 個の粒子が $\varepsilon_2 = 2u$ の準位にあり、残り 2 個が $\varepsilon_1 = u$ の準位にある場合であり、図 2-5 に示すように 3 個の微視的状態が考えられる。

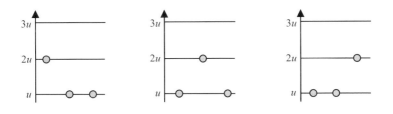

図 2-5　エネルギーが $4u$ となる 3 個の微視的状態

等重率の原理により、これら微視的状態の出現確率は等しい。

つぎに、エネルギーの和が $E=5u$ となるのは、図 2-6 に示すように、1 個の粒子が $E_3=3u$ の準位にあり、残り 2 個が $\varepsilon_1=u$ の準位にある場合と 2 個の粒子が $\varepsilon_2=2u$ の準位にあり、残り 1 個が $\varepsilon_1=u$ の準位にある場合の 6 通りの状態が考えられるが、等重率の原理により、これら微視的状態の出現確率が等しい。

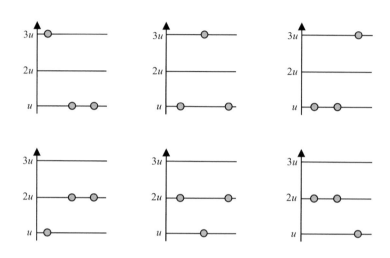

図 2-6　エネルギーが $5u$ となる 6 個の微視的状態

ここで、エネルギー準位が $\varepsilon_1=u, \varepsilon_2=2u, \varepsilon_3=3u$ の 3 通りで、粒子の数が 3 個からなる系について少し考えよう。3 個の粒子を A, B, C とすると、粒子 A がとりうる準位は 3 個である。これら 3 個の準位ひとつひとつに対して、粒子 B がとりうる準位も 3 個であるから、A と B の 2 個の粒子がある場合に、エネルギー準位が 3 個の場合の、微視的状態の数は

$$3 \times 3 = 9$$

となり、9 個となる。

つぎに、粒子 C が加わると、この粒子がとりうる準位も 3 個であるから

$$3 \times 3 \times 3 = 27$$

となり、27 通りとなる。

演習 2-3　エネルギー準位が 3 個ある系で、粒子の数が N 個の場合の、微視的状態の総数を求めよ。

解）　個々の粒子がとりうる準位は、すべて 3 個であるから

$$3\times3\times3\times...\times3$$

のような N 個の積となるので

$$W = 3^N$$

となる。

そして、エネルギー準位が M 個であれば、状態数は

$$W = M^N$$

となる。

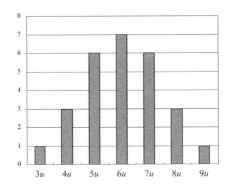

図 2-7　粒子が 3 個の系において、エネルギー3 準位の場合に、横軸を系の総エネルギー (U)、縦軸を状態数 (W) としてプロットしたグラフ。

再び、3 準位、3 粒子系に戻ろう。その微視的状態は $3^3=27$ 個あるが、総エネルギーの種類は 7 個となる。

このとき、エネルギーの総和と状態数の対応関係を示すと、図 2-7 のようになり、3 個の気体分子からなる系のエネルギー分布に相当する。

まず、エネルギー和が $9u$ に対応する微視的状態は、すべての粒子がもっとも高いエネルギー準位を占める場合で、1 個しかない。エネルギーが $3u$ の状態も

同様に 1 個である。

　つぎに、総エネルギーが $E_4 = 4u$ と $E_8 = 8u$ には 3 個の微視的状態がある。$E_5 = 5u$ と $E_7 = 7u$ では 6 個の微視的状態がある。また、$E_6 = 6u$ は、7 個の微視的状態がある。そして、等重率の原理によれば、総エネルギーが指定されたときの各微視的状態の出現確率はすべて等しい。

　以上が、ミクロカノニカル集団のエネルギー分布の概要となる。ただし、ミクロカノニカル分布では、系の総エネルギーすなわち内部エネルギーU が指定されるので、図 2-7 のすべてのエネルギー状態を解析するのではない。

　たとえば、粒子が 3 個の系でエネルギーが 3 準位の場合、系のエネルギーを $E = 5u$ と指定すると、エネルギーの状態数は、図 2-6 に示した 6 個と決まることになる。自由度がないのである。そして、6 個の微視的状態の出現確率は等しいので、状態数 W は 6 とすることができる。

　つまり、ミクロカノニカル分布では、等重率の原理をもとに、系の総エネルギーが指定されたときの状態数 W を求めるのが第 1 歩となる。状態数 W がわかれば、エントロピーを $S = k_B \ln W$ によって計算することができる。これを足掛かりに、第 1 章で紹介した関係を用いて、他の熱力学関数を求めていく。これがミクロカノニカル分布の手法となる。

2.2. エントロピー

2.2.1. 2 準位系
　それでは、簡単な例として、気体分子の総数を N とし、とりうるエネルギー準位が E_1 と E_2 の 2 個しかない場合を想定し、気体分子がどのような分布をするか考えてみよう。この際、系のエントロピーS が最大となるということが指針である。

　エネルギー準位 E_1 を占める分子数を N_1、E_2 を占める分子数を N_2 とし、ミクロカノニカル集団であるので、系のエネルギーの総和が U で一定とする。この場合、U は熱力学関数の内部エネルギーに対応する。すると、つぎの関係が成立する。

$$N = N_1 + N_2 \qquad U = N_1 E_1 + N_2 E_2$$

演習 2-4　粒子の総数が N で、エネルギー準位が 2 個からなる系のエントロピーを求めよ。ただし、スターリングの公式 $\ln N! \cong N \ln N - N$ を使ってよいものとする[3]。

　解）　W を状態数とすると、エントロピー S は

$$S = k_{\mathrm{B}} \ln W$$

となる。

　エネルギー準位 E_1 を占める粒子数を N_1、E_2 を占める粒子数を N_2 とすると、場合の数、つまり状態数は

$$W = \frac{N!}{N_1! N_2!}$$

と与えられる[4]。両辺の自然対数をとると

$$\ln W = \ln N! - \ln N_1! - \ln N_2!$$

となる。さらに、スターリングの公式を使うと

$$\ln W = N \ln N - N - N_1 \ln N_1 + N_1 - N_2 \ln N_2 + N_2$$
$$= N \ln N - N_1 \ln N_1 - N_2 \ln N_2$$

と変形できる。

　よって、エントロピーは

$$S = k_{\mathrm{B}} \left(N \ln N - N_1 \ln N_1 - N_2 \ln N_2 \right)$$

と与えられる。

　われわれが、目指すのは 2 準位系に課される条件（束縛条件）

$$N = N_1 + N_2 \qquad U = N_1 E_1 + N_2 E_2$$

のもとで、エントロピーが最大となる N_1, N_2 を求めることである。

　よって

$$dS = 0 \ \text{つまり} \quad d(\ln W) = 0 \ \text{あるいは} \ dW = 0$$

が条件となる。

---

[3] スターリング近似については補遺 2-2 を参照されたい。
[4] 状態数 W の導出方法に関しては補遺 2-3 を参照されたい。

演習 2-5　$S = k_\mathrm{B} \ln W$ という関係にあるとき、$dS = 0$ を与える条件が $d(\ln W) = 0$ ならびに $dW = 0$ と等価であることを示せ。

解）　$S = k_\mathrm{B} \ln W$ から

$$dS = k_\mathrm{B}\, d(\ln W) = k_\mathrm{B} \frac{dW}{W}$$

よって、$dS = 0$ のとき $d(\ln W) = 0$ となる。また、$W \neq 0$ から $dW = 0$ となる。

ここで

$$\ln W = N \ln N - N_1 \ln N_1 - N_2 \ln N_2$$

から

$$d(\ln W) = -dN_1 \ln N_1 - dN_2 \ln N_2 - dN_1 - dN_2$$

となる。$N = N_1 + N_2$ から

$$dN_1 + dN_2 = 0$$

となるので

$$d(\ln W) = -dN_1 \ln N_1 - dN_2 \ln N_2$$

となり、エントロピー最大の条件は

$$dN_1 \ln N_1 + dN_2 \ln N_2 = 0$$

と与えられる[5]。

　結局、この式を満足する N_1, N_2 を上記束縛条件のもとで解けばよいことになる。ここでは、今後の展開のために、ラグランジュの未定乗数法[6]を使った解法を紹介する。

　まず、束縛条件を

$$N - N_1 - N_2 = 0 \qquad U - N_1 E_1 - N_2 E_2 = 0$$

とし、未定乗数の α および β を乗じて $\ln W$ に足す。

　すると

$$
\begin{aligned}
F(N_1, N_2) = {} & N \ln N - N_1 \ln N_1 - N_2 \ln N_2 \\
& + \alpha\left(N - N_1 - N_2\right) + \beta\left(U - E_1 N_1 - E_2 N_2\right)
\end{aligned}
$$

---

[5]　これは極値を与える条件であるが、エントロピーの場合、最大値を与える条件となる。
[6]　ラグランジュの未定乗数法については、補遺 2-4 を参照されたい。

という関数ができる。$F(N_1, N_2)$ の極値を求めれば、これが束縛条件のもとでの極値となる。ここで

$$dF = -\ln N_1\, dN_1 - \ln N_2\, dN_2 - \alpha(dN_1 + dN_2) - \beta(E_1 dN_1 + E_2 dN_2)$$

となるが、右辺を整理すると

$$dF = -\left(\alpha + \beta E_1 + \ln N_1\right)dN_1 - \left(\alpha + \beta E_2 + \ln N_2\right)dN_2$$

となる。

　極値を与える条件 $dF = 0$ から

$$\alpha + \beta E_1 + \ln N_1 = 0 \qquad ならびに \qquad \alpha + \beta E_2 + \ln N_2 = 0$$

が得られる。よって

$$N_1 = \exp(-\alpha)\exp(-\beta E_1) = A\exp(-\beta E_1)$$

$$N_2 = \exp(-\alpha)\exp(-\beta E_2) = A\exp(-\beta E_2)$$

となり、求める N_1 と N_2 が得られる。ここで $\exp(-\alpha) = A$（定数）とした。

　ここで、$\exp(-\alpha)$ および $\exp(-\beta E)$ とは $e^{-\alpha}$ および $e^{-\beta E}$ のことである。本書では、この表記を使用する。

　さらに未定乗数である α と β の値を求めてみよう。

演習 2-6　$N = N_1 + N_2$ という束縛条件から、定数 $A = \exp(-\alpha)$ の値を求めよ。

　解）　$N_1 = A\exp(-\beta E_1)$ 、$N_2 = A\exp(-\beta E_2)$ を

$$N = N_1 + N_2$$

に代入すると

$$A\exp(-\beta E_1) + A\exp(-\beta E_2) = N$$

となるので

$$A = \frac{N}{\exp(-\beta E_1) + \exp(-\beta E_2)}$$

と与えられる。

　つぎに、β を求めてみよう。ただし、熱力学で得られているエントロピー S と内部エネルギー U の間に成立する関係である

$$dS / dU = 1 / T$$

を利用する。

演習 2-7　$U = N_1 E_1 + N_2 E_2$ という束縛条件と、$dS/dU = 1/T$ という関係式を利用して、定数 β の値を求めよ。

解）　$U = N_1 E_1 + N_2 E_2$ から

$$U = N_1 E_1 + N_2 E_2 \ = A\{E_1 \exp(-\beta E_1) + E_2 \exp(-\beta E_2)\}$$

つぎに、エントロピーは

$$S = k_B \left(N \ln N - N_1 \ln N_1 - N_2 \ln N_2\right)$$

であった。

$$N_1 = A \exp(-\beta E_1) \qquad より \qquad \ln N_1 = -\beta E_1 + \ln A$$

$$N_2 = A \exp(-\beta E_2) \qquad より \qquad \ln N_2 = -\beta E_2 + \ln A$$

よって

$$S/k_B = N \ln N - A \exp(-\beta E_1)(-\beta E_1 + \ln A) - A \exp(-\beta E_2)(-\beta E_2 + \ln A)$$

となり、整理すると

$$S/k_B = N \ln N + \beta A\{E_1 \exp(-\beta E_1) + E_2 \exp(-\beta E_2)\}$$
$$- A\{\exp(-\beta E_1) + \exp(-\beta E_2)\}\ln A = N \ln N + \beta U - N \ln A$$

したがって

$$S = k_B N \ln(N/A) + k_B \beta U$$

となる。第 1 項は定数であるから

$$\frac{dS}{dU} = k_B \beta = \frac{1}{T} \qquad となり \qquad \beta = \frac{1}{k_B T}$$

と与えられる。

したがって、定数 A は

$$A = \frac{N}{\exp(-\beta E_1) + \exp(-\beta E_2)} = \frac{N}{\exp\left(-\dfrac{E_1}{k_B T}\right) + \exp\left(-\dfrac{E_2}{k_B T}\right)}$$

と与えられる。よって、求める粒子数は

$$N_1 = A\exp(-\beta E_1) = \cfrac{N}{\exp\left(-\cfrac{E_1}{k_BT}\right) + \exp\left(-\cfrac{E_2}{k_BT}\right)}\exp\left(-\cfrac{E_1}{k_BT}\right)$$

$$N_2 = A\exp(-\beta E_2) = \cfrac{N}{\exp\left(-\cfrac{E_1}{k_BT}\right) + \exp\left(-\cfrac{E_2}{k_BT}\right)}\exp\left(-\cfrac{E_2}{k_BT}\right)$$

となる。

ところで、$\beta = 1/k_BT$ という関係から、β は温度 T の逆数に比例する。よって、**逆温度** (inverse temperature) と呼ばれ、統計力学では、この表記を使うことも多い。また

$$Z = \exp(-\beta E_1) + \exp(-\beta E_2) = \exp\left(-\frac{E_1}{k_BT}\right) + \exp\left(-\frac{E_2}{k_BT}\right)$$

と置くと

$$N_1 = \frac{N}{Z}\exp\left(-\frac{E_1}{k_BT}\right) \qquad N_2 = \frac{N}{Z}\exp\left(-\frac{E_2}{k_BT}\right)$$

となる。

2.2.2.　3 準位系

それでは、エネルギー準位として E_1, E_2, E_3 の 3 個がある場合を考えてみよう。エネルギー準位 E_1 を占める分子数を N_1、E_2 を占める分子数を N_2、E_3 を占める分子数を N_3 とし、系のエネルギーの総和を U とする。この場合、U は内部エネルギーとなる。すると、つぎの関係が成立する。

$$N = N_1 + N_2 + N_3 \qquad U = N_1E_1 + N_2E_2 + N_3E_3$$

この場合も、エントロピーが最大という条件、すなわち

$$dS = 0 \qquad あるいは \qquad dW = 0$$

から、N_1, N_2, N_3 を求める。

ここで、いまの場合の状態数は

$$W = \frac{N!}{N_1!N_2!N_3!}$$

と与えられる。対数をとると

$$\ln W = \ln N! - \ln N_1! - \ln N_2! - \ln N_3!$$

となる。

さらに、スターリングの公式を使うと

$$\ln W = N \ln N - N_1 \ln N_1 - N_2 \ln N_2 - N_3 \ln N_3$$

と変形できる。

ここで、束縛条件の微分をとると、N と U は定数であるので

$$dN_1 + dN_2 + dN_3 = 0$$
$$E_1 dN_1 + E_2 dN_2 + E_3 dN_3 = 0$$

となる。

さらに、エントロピーが最大となる $d(\ln W) = 0$ の条件は

$$-dN_1 \ln N_1 - dN_1 - dN_2 \ln N_2 - dN_2 - N_3 \ln N_3 - dN_3 = 0$$

となるが、整理すると

$$dN_1 \ln N_1 + dN_2 \ln N_2 + N_3 \ln N_3 + (dN_1 + dN_2 + dN_3)$$
$$= dN_1 \ln N_1 + dN_2 \ln N_2 + dN_3 \ln N_3 = 0$$

となる。

したがって、まとめると

$$dN_1 + dN_2 + dN_3 = 0$$
$$E_1 dN_1 + E_2 dN_2 + E_3 dN_3 = 0$$

という束縛条件のもとで

$$\ln N_1 dN_1 + \ln N_2 dN_2 + \ln N_3 dN_3 = 0$$

を満足する N_1, N_2, N_3 を求めればよい。

これらを解くために、2 準位系で利用した未定乗数法を適用する。最初の式に α をかけ、つぎの式に β をかけて、全部の式を足すと

$$(\alpha + \beta E_1 + \ln N_1) dN_1 + (\alpha + \beta E_2 + \ln N_2) dN_2 + (\alpha + \beta E_3 + \ln N_3) dN_3 = 0$$

となる。

この式は極値をとる条件であるから、N_1 がわずかに変化しても、その値は 0 になる必要がある。N_2, N_3 のわずかな変化に対しても同様である。

よって

$$\alpha + \beta E_1 + \ln N_1 = 0$$
$$\alpha + \beta E_2 + \ln N_2 = 0$$
$$\alpha + \beta E_3 + \ln N_3 = 0$$

が極値をとる条件となり

$$N_1 = \exp(-\alpha)\exp(-\beta E_1) = \mathrm{A}\exp(-\beta E_1)$$
$$N_2 = \exp(-\alpha)\exp(-\beta E_2) = \mathrm{A}\exp(-\beta E_2)$$
$$N_3 = \exp(-\alpha)\exp(-\beta E_3) = \mathrm{A}\exp(-\beta E_3)$$

という関係が得られる。ただし、A は定数である。

演習 2-8　定数 A= exp (−α) の値を求めよ。

解）
$$N = N_1 + N_2 + N_3$$

であったから

$$N = \mathrm{A}\{\exp(-\beta E_1) + \exp(-\beta E_2) + \exp(-\beta E_3)\}$$

よって

$$\mathrm{A} = \frac{N}{\exp(-\beta E_1) + \exp(-\beta E_2) + \exp(-\beta E_3)} = \frac{N}{\displaystyle\sum_{i=1}^{3}\exp(-\beta E_i)}$$

となる。

　分母の和を Z と置くと

$$Z = \exp(-\beta E_1) + \exp(-\beta E_2) + \exp(-\beta E_3) = \sum_{i=1}^{3}\exp(-\beta E_i)$$

となり、定数 A は A = N/Z となる。

　実は、Z は粒子の存在確率を導出するための規格化定数（確率の和が 1 となるような規格化）となっている。

　たとえば、Z を使えば、i 準位に位置する粒子数 N_1 は

$$N_1 = \mathrm{A}\exp(-\beta E_1) = \frac{N}{Z}\exp(-\beta E_1)$$

となるが、エネルギー準位 E_1 にある気体分子の存在確率 p_1 は

$$p_1 = \frac{N_1}{N} = \frac{1}{Z}\exp(-\beta E_1)$$

と与えられる。同様にして

$$p_2 = \frac{1}{Z}\exp(-\beta E_2) \qquad p_3 = \frac{1}{Z}\exp(-\beta E_3)$$

となる。

このように $\exp(-\beta E_i)$ を Z で規格化すれば、E_i 準位にある粒子の存在確率が得られるのである。

演習 2-9　定数 β の値を求めよ。

解)　2 準位系と同じように、$dS/dU = 1/T$ という関係を利用する。まず、エントロピー S は

$$S = k_B \ln W = k_B \left\{ N \ln N - N_1 \ln N_1 - N_2 \ln N_2 - N_3 \ln N_3 \right\}$$

となる。

$$N_1 = \frac{N}{Z}\exp(-\beta E_1) \quad N_2 = \frac{N}{Z}\exp(-\beta E_2) \quad N_3 = \frac{N}{Z}\exp(-\beta E_3)$$

を代入して整理すると

$$S = k_B N \ln Z + \frac{k_B N \beta}{Z}\left\{ E_1 \exp(-\beta E_1) + E_2 \exp(-\beta E_2) + E_3 \exp(-\beta E_3) \right\}$$

と与えられる。ここで

$$U = N_1 E_1 + N_2 E_2 + N_3 E_3 \ = \frac{N}{Z}\left\{ E_1 \exp(-\beta E_1) + E_2 \exp(-\beta E_2) + E_3 \exp(-\beta E_3) \right\}$$

から

$$S = k_B N \ln Z + k_B \beta\, U$$

となるが、第 1 項は定数であるから

$$\frac{dS}{dU} = k_B \beta = \frac{1}{T} \qquad となり \qquad \beta = \frac{1}{k_B T}$$

と与えられる。

これは、逆温度であり、2 準位系の場合と同じ結果が得られる。

結局、粒子数が N 個あり、エネルギー準位が E_1, E_2, E_3 の 3 個の系において、内部エネルギーが U と与えられた場合、それぞれの準位の粒子数は

$$N_1 = \frac{N}{Z}\exp\left(-\frac{E_1}{k_B T}\right) \qquad N_2 = \frac{N}{Z}\exp\left(-\frac{E_2}{k_B T}\right) \qquad N_3 = \frac{N}{Z}\exp\left(-\frac{E_3}{k_B T}\right)$$

となる。ここで

$$\exp\left(-\frac{E_i}{k_B T}\right)$$

の項を**ボルツマン因子** (Boltzmann's factor) と呼ぶ。

　この因子は、統計力学において重要であり、熱力学をはじめとして、温度が関係する反応速度論においても頻繁に登場し、実用的にも重要かつ基本的なものである。統計力学では $\exp(-\beta E)$ のように、$k_B T$ ではなく、逆温度 β を使って表記することも多い。

2.3.　N 準位系への拡張

　それでは、ミクロカノニカル集団を一般化してみよう。気体分子のとりうるエネルギー準位として E_1 から E_n までの準位がある場合を考えるのである。

　エネルギー準位 E_1 を占める分子数を N_1、E_2 を占める分子数を N_2、そして、E_n を占める分子数を N_n とし、系のエネルギーの総和を U とする。この場合、U は内部エネルギーになる。すると、つぎの関係が成立する。

$$N = N_1 + N_2 + N_3 + ... + N_n$$
$$U = N_1 E_1 + N_2 E_2 + N_3 E_3 + ... + N_n E_n$$

これが所与の条件である。

　これら束縛条件のもとで、エントロピーが最大となるという条件から、エネルギー分布を求めるのがわれわれの仕事である。

　エントロピーS は　$S = k_B \ln W$　であり

$$W = \frac{N!}{N_1! N_2! N_3! \cdots N_n!}$$

と与えられ

$$\ln W = \ln N! - \ln N_1! - \ln N_2! - \ln N_3! - \cdots - \ln N_n!$$

となる。

　さらに、スターリングの公式を使うと

$$\ln W = N \ln N - N_1 \ln N_1 - N_2 \ln N_2 - N_3 \ln N_3 - \cdots - N_n \ln N_n$$

と変形できる。

　ここで、束縛条件の微分をとると、N と U は定数であるので

$$dN_1 + dN_2 + dN_3 + \cdots + dN_n = 0$$

$$E_1 dN_1 + E_2 dN_2 + E_3 dN_3 + \cdots + E_n dN_n = 0$$

となる。

　さらに、エントロピー最大の条件は、$dS = 0$ から $d(\ln W) = 0$ として

$$\ln N_1 dN_1 + \ln N_2 dN_2 + \ln N_3 dN_3 + \ln N_n dN_n = 0$$

となる。

　ここでも未定乗数法を利用して解法する。最初の式に未定乗数 α をかけ、つぎの式に未定乗数 β をかけて、全部の式を足すと

$$(\alpha + \beta E_1 + \ln N_1)dN_1 + (\alpha + \beta E_2 + \ln N_2)dN_2 + \cdots + (\alpha + \beta E_n + \ln N_n)dN_n = 0$$

となる。

　この式は、極値をとるための条件であるので、$N_1, N_2, ..., N_n$ の微小変化に 0 となる必要があり

$$\alpha + \beta E_1 + \ln N_1 = 0$$

$$\alpha + \beta E_2 + \ln N_2 = 0$$

$$\cdots$$

$$\alpha + \beta E_n + \ln N_n = 0$$

が成立する必要がある。

　よって

$$N_1 = \exp(-\alpha)\exp(-\beta E_1) = A\exp(-\beta E_1)$$

$$N_2 = \exp(-\alpha)\exp(-\beta E_2) = A\exp(-\beta E_2)$$

$$\cdots$$

$$N_n = \exp(-\alpha)\exp(-\beta E_n) = A\exp(-\beta E_n)$$

という関係が得られる。

　ここで、$\exp(-\alpha) = A$ という定数を求めてみよう。これも 3 準位の場合と、同様に求めることができる。

$$N = N_1 + N_2 + \cdots + N_n$$

であったから

$$N = A\left\{\exp(-\beta E_1) + \exp(-\beta E_2) + \cdots + \exp(-\beta E_3)\right\}$$

よって

$$A = \frac{N}{\exp(-\beta E_1) + \exp(-\beta E_2) + \cdots + \exp(-\beta E_n)} = \frac{N}{\displaystyle\sum_{i=1}^{n} \exp(-\beta E_i)}$$

となる。分母の和を Z と置くと

$$Z = \exp(-\beta E_1) + \exp(-\beta E_2) + \cdots + \exp(-\beta E_n) = \sum_{i=1}^{n} \exp(-\beta E_i)$$

となり　$A = N / Z$　となる。

　　よって、i 準位の分子数は Z を使うと

$$N_i = \frac{N}{Z} \exp(-\beta E_i)$$

となる。そして、i 準位に存在する気体分子の確率は

$$p_i = \frac{1}{Z} \exp(-\beta E_i)$$

と与えられる。つぎに、β も、3 準位の場合と、まったく同様の手法で求めることができ　$\beta = 1/k_{\mathrm{B}}T$　となる。このとき

$$Z = \sum_{i=1}^{n} \exp(-\beta E_i)$$

と与えられる。

　　以上の結果から、粒子数が N で、総エネルギーが U の系のエントロピーは

$$S = k_{\mathrm{B}} \ln W = k_{\mathrm{B}} \left(N \ln N - N_1 \ln N_1 - N_2 \ln N_2 - \cdots - N_n \ln N_n \right)$$

$$= k_{\mathrm{B}} \left(N \ln N - \sum_{i=1}^{n} N_i \ln N_i \right)$$

によって計算できることになる。ただし

$$N_i = \frac{N}{Z} \exp(-\beta E_i)$$

となる。

　　ただし、ここで紹介したのは、あくまでも単純なモデルである。ミクロカノニカル分布の手法は、実際の系に適用して、はじめて意味のある結果が得られる。

　　そこで、次章では、理想気体にチャレンジし、その威力を確かめてみたい。その際、重要になるのは、所与の粒子数 N と内部エネルギー U のもとで、状態数 W をいかに求めるかである。

補遺 2-1　ボルツマンの原理

　第 1 章において、エントロピーは

$$dS = dS(U,V) = \left(\frac{\partial S}{\partial U}\right)_V dU + \left(\frac{\partial S}{\partial V}\right)_U dV = \frac{1}{T}dU + \frac{P}{T}dV$$

という関係にあることを紹介した。

　ここで、気体の状態方程式

$$PV = Nk_{\mathrm{B}}T \qquad \text{から} \qquad \frac{P}{T} = \frac{Nk_{\mathrm{B}}}{V}$$

となるので

$$dS = \frac{dU}{T} + \left(\frac{Nk_{\mathrm{B}}}{V}\right)dV = \frac{dU}{T} + Nk_{\mathrm{B}}\,d(\ln V)$$

と与えられることになる。

　ここで図 A2-1 のように中央を仕切りでふさがれた体積 $2V$ の容器があり、左の部屋には N 個の気体分子が入っていて右の部屋は空としよう。仕切りをとった時のエントロピー変化はどうなるであろうか。

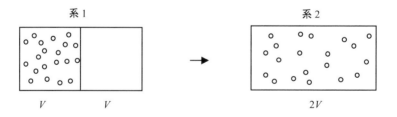

系 1　　　　　　　　　　　　　　　系 2

V　　　　V　　　　　　　　　　　　$2V$

図 A2-1　体積 $2V$ の容器の真ん中に仕切りがあり、左の部屋に気体が入っていて、右の部屋が空とする。このとき、仕切りをとると気体は容器全体に広がる。

　このとき、内部エネルギーU の変化はなく $dU = 0$ であるので、エントロピー

変化は

$$dS = Nk_\mathrm{B}\, d(\ln V)$$

となる。気体の占める体積が系 1 の V から系 2 の $2V$ へと変わるので、系のエントロピー変化は

$$\Delta S = S_2 - S_1 = Nk_\mathrm{B}\ln(2V) - Nk_\mathrm{B}\ln V = Nk_\mathrm{B}\ln\frac{2V}{V} = Nk_\mathrm{B}\ln 2$$

となり

$$\Delta S = S_2 - S_1 = k_\mathrm{B}\ln 2^N$$

と与えられる。

　それでは、この 2^N とはいったい何なのであろうか。この項は、体積増加にともなう変化であるが、ミクロな視点で見ると、気体分子が占めることのできる状態数 W の変化に対応しているのである。

　その説明をしよう。仕切りを開けるまえは、気体分子は左の部屋しか占有する場所がなかった。ところが仕切りを開けたとたん、気体分子は左あるいは右の部屋を選択することができる。つまり、1 個の分子の占有場所は 2 通りに増えたことになる。つぎの分子の占有場所も 2 通りになるので、2 個の分子では 2×2＝4 通りの選択ができる。結局 N 個の分子では、全部で 2^N 通りの状態の数 W が生じたことになる。

　つまり、それぞれの系の状態数の比は

$$W_2/W_1 = 2^N$$

と置くことができ、状態数とエントロピーは

$$S_2 - S_1 = k_\mathrm{B}\ln(W_2/W_1) = k_\mathrm{B}\ln W_2 - k_\mathrm{B}\ln W_1$$

という関係から

$$S = k_\mathrm{B}\ln W$$

となる。これがボルツマンの原理である。

補遺 2-2　スターリング近似

　階乗 (factorial) の計算は、数が大きくなると急に大変な手間を要するようになる。3!ならば手計算で $3 \times 2 \times 1 = 6$ と簡単に済まされるが、10!となると、かなりの手間がかかる。もし数が増えて 1000!ともなると、手計算では、ほとんどお手上げである。

　よって、何とか近似的な値が得られないものかと考案されたのが、**スターリング近似** (Stirling's approximation) である。近似方法にはいくつかあるが、ここでは、**積分** (integration) の導出で利用する**区分求積法** (piecewise quadrature) の原理を応用してみよう。まず、このように数字が大きい場合は対数をとるのが第一歩である。

　つまり、階乗は

$$n! = n \times (n-1) \times (n-2) \times \cdots \times 3 \times 2 \times 1$$

であるが、その対数をとると

$$\ln n! = \ln n + \ln(n-1) + \ln(n-2) + \cdots + \ln 3 + \ln 2 + \ln 1$$

となる。

　これは、区分求積法の考えに立てば、図 A2-2 に示すように、区間の幅が 1 で高さが $\ln n$ の総面積を与えることになる。もちろん、微積分という立場からは、区間の幅が 1 では大き過ぎるということになるが、ここでは n の大きさがかなり大きい場合を想定しているから、近似という観点に立てば、区間の幅が $1/n$ となったとみなすことができる。

　よって、積分を使って

$$\ln 1 + \ln 2 + \ln 3 + \cdots + \ln(n-2) + \ln(n-1) + \ln n \cong \int_1^n \ln x \, dx$$

のように近似することが可能となる。

　ここで部分積分を利用する。

$$\left(x\ln x\right)' = x'\ln x + x(\ln x)' = \ln x + x\frac{1}{x} = \ln x + 1$$

であるから

$$\int_1^n \ln x\,dx = \left[x\ln x\right]_1^n - \int_1^n 1\,dx = n\ln n - (n-1) = n\ln n - n + 1$$

n の数が大きいことを想定しているので、最後の 1 は無視できて、結局

$$\ln n! \cong n\ln n - n$$

と近似できることになる。

　この式をスターリング近似と呼んでいる。

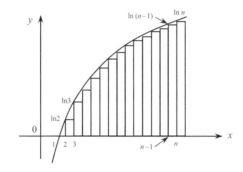

図 A2-2

補遺 2-3　状態数の求め方

　まず、①②③④という 4 個の数字を並べる総数を考えてみよう。すると、先頭を選ぶ方法は 4 通りある。つぎの数字は残り 3 個から選ぶので 3 通りとなる。つぎは 2 通り、最後は 1 通りとなるので、並べ方の総数は

$$4 \times 3 \times 2 \times 1 = 24$$

となって、24 通りとなる。

　同様にして 5 個の異なる数字を並べる方法は

$$5 \times 4 \times 3 \times 2 \times 1 = 120$$

のように 120 通りとなり、一般式として n 個の異なる数字を並べる方法は

$$n \times (n-1) \times \ ... \ 5 \times 4 \times 3 \times 2 \times 1 = n!$$

となる。これを n の**階乗** (factorial) と呼んでいる。

　それでは、4 個の異なる数字ではなく

①①②③

のように、同じものが 2 個入った 4 つの数字を並べる並べ方の総数は何通りとなるであろうか。この場合は次のように考える。まず、同じ数字が 2 個あるということは、とりあえず無視して、4 個の数字を並べる方法を計算する。すると 4! 通りとなる。

　ところが、これは同じ数字が 2 個あることを無視しており、2 回ダブって計算していることになる。よって、その並べ方の総数は

$$\frac{4!}{2!} = \frac{4 \times 3 \times 2 \times 1}{2 \times 1} = 12$$

通りとなる。それでは

①①②②

のように、同じものが 2 個ずつ入っていたらどうであろうか。この場合も、同じ数字があることを無視して計算すると 4!=24 通りであるが、実際には 2 組の 2 個の数字が同じである。このとき、どれくらいダブルカウントしているかというと、

2！を 2 回ダブルカウントしていることになる。よって、その並べ方の総数は

$$\frac{4!}{2!\,2!}=\frac{4\times3\times2\times1}{2\times2}=6$$

通りとなる。

　それでは、粒子が N 個あった場合の並べ方の総数を計算してみよう。まず、N 個がすべて異なる場合には $N!$ となる。ところで、本文で紹介している例の場合、エネルギー準位が 2 個であるので、E_1 に N_1 個を、E_2 に N_2 個を配することになる。ただし、$N = N_1 + N_2$ である。よって、その並べ方は

$$E_1\,E_1\,E_2\,E_2\,E_2\ldots$$

となる。このとき、$N!$ では、それぞれ N_1 個と N_2 個の同じものをダブルカウントしている。よって、実際の並べ方の総数は

$$\frac{N!}{N_1!\,N_2!}$$

となる。

　同様にして、エネルギーが 3 準位の場合には、$N = N_1 + N_2 + N_3$ として

$$\frac{N!}{N_1!\,N_2!\,N_3!}$$

となり、n 準位では

$$\frac{N!}{N_1!\,N_2!\cdots N_n!}$$

となることがわかる。

補遺 2-4　ラグランジュの未定乗数法

A2. 1.　極値問題

3 変数関数 $w = f(x, y, z)$ の**極値問題** (extremal problem) を考えてみよう。ある点が**極値** (extreme) となる条件は、$\Delta x, \Delta y, \Delta z$ をそれぞれ x, y, z 方向の微小変化としたとき

$$\Delta w = f(x + \Delta x, y + \Delta y, z + \Delta z) - f(x, y, z)$$

が、どのような $\Delta x, \Delta y, \Delta z$ に対しても、常に 0 となることを意味している。

w の**全微分** (total differential) を使うと、w の微小変化は

$$dw = \frac{\partial f(x,y,z)}{\partial x} dx + \frac{\partial f(x,y,z)}{\partial y} dy + \frac{\partial f(x,y,z)}{\partial z} dz$$

と与えられる。極値を与える点では、どの方向に動かしても $dw = 0$ とならなければならない。よって、任意の dx, dy, dz に対して、常に $dw = 0$ が成立するのが極値を与える条件である。

図 A2-3　関数の極値の近傍ではどの方向に動かしても $dw = 0$ でなければならない。

したがって

$$\frac{\partial f(x,y,z)}{\partial x} = 0 \qquad \frac{\partial f(x,y,z)}{\partial y} = 0 \qquad \frac{\partial f(x,y,z)}{\partial z} = 0$$

のすべてが成立するのが極値をとる条件となる。たとえば

$$w = f(x, y, z) = x^2 + (y-1)^2 + (z-2)^2 + 1$$

の場合

$$\frac{\partial w}{\partial x} = \frac{\partial f(x, y, z)}{\partial x} = 2x = 0 \qquad \frac{\partial w}{\partial y} = \frac{\partial f(x, y, z)}{\partial y} = 2(y-1) = 0$$

$$\frac{\partial w}{\partial z} = \frac{\partial f(x, y, z)}{\partial z} = 2(z-2) = 0$$

から $(x, y, z) = (0, 1, 2)$ が極値を与える点となり、極値 (この場合極小値) は $z = 1$ となる。

　いまの場合、x と y と z の間には相関がないが、変数どうしに相関がある場合には、極値は異なってくる。たとえば、x と y に相関があり

$$y = x + 2$$

という関係がある場合はどうであろうか。

　この場合は、y に $x + 2$ を代入する。

　すると

$$w = f(x, y, z) = x^2 + (y-1)^2 + (z-2)^2 + 1 = x^2 + (x+1)^2 + (z-2)^2 + 1$$

となり、3 変数関数ではなく、2 変数関数の極値問題となる。

　このとき

$$w = x^2 + (x+1)^2 + (z-2)^2 + 1 = 2x^2 + 2x + (z-2)^2 + 2$$

となって、全微分は

$$dw = \frac{\partial w}{\partial x} dx + \frac{\partial w}{\partial z} dz = (4x + 2) dx + 2(z-2) dz$$

となる。

　この場合、x と z には相関はないので、任意の dx と dz に対して、常に $dw = 0$ でなければならないので、極値をとるための条件は

$$\frac{\partial w}{\partial x} = (4x + 2) = 0 \qquad かつ \qquad \frac{\partial w}{\partial z} = 2(z-2) = 0$$

となり

$$x = -1/2 \qquad z = 2$$

となるが $y = x + 2$ という関係にあったので $y = 3/2$ となる。よって、極値を与える点は

$$(x, y, z) = \left(-\frac{1}{2}, \frac{3}{2}, 2\right)$$

となり、極値は

$$w = x^2 + (y-1)^2 + (z-2)^2 + 1 = \frac{1}{4} + \frac{1}{4} + 1 = \frac{3}{2}$$

となる。

　このように、変数間に相関がある場合には、相関がない場合の極値とは異なる。このような極値を**条件付極値** (constrained extremum) と呼んでいる。

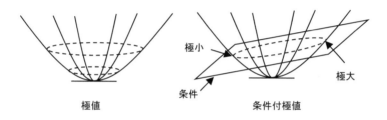

図 A2-4　通常の極値と条件付極値の概念図。関数の極値は、偏微分を利用することで、系統的に求めることができる。しかし、束縛条件がある場合は、右図に示したように、条件ごとに図形が異なるため、幾何学的な考察によって、極大と極小を与える点を判断する必要がある。

　ところで、いまの場合は、変数間の相関が 1 次式と簡単であったので、もとの関数に代入することで容易に極値が得られたが、この相関が複雑であった場合はどうであろうか。

　このような場合に、威力を発揮するのが、**ラグランジュの未定乗数法** (method of Lagrange multiplier) と呼ばれる手法である。

A2. 2.　未定乗数法

3 変数関数　$f(x, y, z)$　の極値を求める問題において、変数間の相関が

$$g(x, y, z) = 0$$

と与えられるとしよう。これは**束縛条件** (constrained condition) である。

　この関数の全微分は

$$\frac{\partial g(x,y,z)}{\partial x}dx + \frac{\partial g(x,y,z)}{\partial y}dy + \frac{\partial g(x,y,z)}{\partial z}dz = 0$$

となる。ここで、煩雑さをさけるために

$$g_x dx + g_y dy + g_z dz = 0$$

と表記しよう。g_x は関数 $g(x,y,z)$ の x に関する**偏微分** (partial differential) という意味である。つまり

$$\frac{\partial g(x,y,z)}{\partial x} = g_x \qquad \frac{\partial f(x,y,z)}{\partial y} = f_y$$

という表記を採用する。変数間の相関をこのように表現すると

$$dz = -\frac{g_x}{g_z}dx - \frac{g_y}{g_z}dy$$

と置ける。

　もはや、dz は独立に変化することはできず、dx と dy の**束縛** (constraint) を受けるという意味である。これをもとの式

$$dw = \frac{\partial f(x,y,z)}{\partial x}dx + \frac{\partial f(x,y,z)}{\partial y}dy + \frac{\partial f(x,y,z)}{\partial z}dz = f_x dx + f_y dy + f_z dz$$

に代入してみよう。すると

$$dw = f_x dx + f_y dy + f_z dz = f_x dx + f_y dy\ -f_z \frac{g_x}{g_z}dx - f_z \frac{g_y}{g_z}dy$$

となり

$$dw = \left(f_x - f_z \frac{g_x}{g_z} \right)dx + \left(f_y - f_z \frac{g_y}{g_z} \right)dy$$

となる。変数間の相関は式が 1 個であるので、dz の自由度はないが、dx, dy は自由に選ぶことができるので、$dw=0$ が成立するためには

$$f_x - f_z \frac{g_x}{g_z} = 0 \qquad f_y - f_z \frac{g_y}{g_z} = 0$$

が条件となる。

　ここで $f_z / g_z = \lambda$ と置くと、これら式は

$$f_x - \lambda g_x - 0 \qquad f_y - \lambda g_y = 0$$

となる。

　さらに、$f_z / g_z = \lambda$ と置いたが、この関係は $f_z - \lambda g_z = 0$ と変形できる。結

局

$$f_x - \lambda g_x = 0 \qquad f_y - \lambda g_y = 0 \qquad f_z - \lambda g_z = 0$$

という関係が得られる。

　もとの関数形で表記すると、x 成分は

$$\frac{\partial f(x,y,z)}{\partial x} - \lambda \frac{\partial g(x,y,z)}{\partial x} = 0$$

となるが、これは

$$\frac{\partial}{\partial x}\{f(x,y,z) - \lambda g(x,y,z)\} = 0$$

と置ける。同様に

$$\frac{\partial}{\partial y}\{f(x,y,z) - \lambda g(x,y,z)\} = 0 \qquad \frac{\partial}{\partial z}\{f(x,y,z) - \lambda g(x,y,z)\} = 0$$

となるが、これは $u = f(x,y,z) - \lambda g(x,y,z)$ という関数の極値を束縛条件なしで与えるものであった。つまり、条件なしで u の極値を求めることと、$g(x,y,z) = 0$ という束縛条件のもとで、関数 $f(x,y,z)$ の極値を求めることと等価となるのである。この手法によって、条件付極値問題が、一般の極値問題として扱えるのである。

　この λ のことを**未定乗数** (Lagrange multiplier) と呼び、この手法を**ラグランジュの未定乗数法** (method of Lagrange multiplier) と呼んでいる。

　束縛条件が 2 個と増えた場合には、未定乗数を 2 個に増やして、同様の操作をすればよい。

第3章　理想気体

　本章では、ミクロカノニカル集団の手法を、**単原子分子** (mono-atomic molecule) からなる**理想気体** (ideal gas) に応用してみる。かなりハードルは高いが、実際の系に応用することで、はじめて本手法の有効性を確かめることができる。ガンマ関数や n 次元球の体積などの高度な数学手法を駆使することになるが、これらは補遺を適宜参照いただきたい。じっくり取り組めば、必ず理解できるはずである。

　ここでは、図 3-1 に示すように、N 個の気体分子が断熱された体積 V の容器に閉じ込められており、内部エネルギーが一定で U の系を考えることになる。

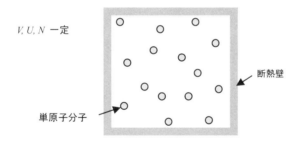

図 3-1　外界から断熱された容器内の単原子分子理想気体。体積 V、総粒子数 N、内部エネルギー U が一定で変化しない。

　ここで、われわれがまず求めるのは、内部エネルギー U が与えられたとき、U の関数としてエントロピー $S(U)$ を求めることである。ここで、U に対応した気体分子の状態数を $W(U)$ とすると

$$S(U) = k_{\mathrm{B}} \ln W(U)$$

という関係にあるので、内部エネルギーが U と与えられたときの N 個の気体分子の状態数 $W(U)$ がわかれば、エントロピーを計算することができる。これが、

ミクロカノニカル分布の手法である。S が求められれば、後は、これを足がかりに、他の熱力学関数を求めていけばよいことになる。

ただし、本章では、内部エネルギー U のかわりに、E という表記を使用する。そのほうが数式展開がわかりやすくなるためである。

3.1. エネルギーと運動量

取り扱うのは、単原子分子からなる理想気体のエネルギーである。つまり単原子の気体分子が相互作用せずに自由に動き回っている気体となる[7]。

ここで、気体分子の**位置エネルギー** (potential energy) は無視できるので、**運動エネルギー** (kinetic energy) のみに注目する。また、単原子分子であるので、運動は**並進運動** (translational motion) のみとなる。つまり、回転や振動は考えない。これならば簡単である。

ただし、気体分子は、**3 次元空間** (three dimensional space) の x-y-z 方向を自由に動いており、われわれは 3 次元の運動を考える必要がある。このとき、運動エネルギーは

$$E_k = \frac{1}{2}m\left|\vec{v}\right|^2 = \frac{1}{2}m(v_x{}^2 + v_y{}^2 + v_z{}^2)$$

と与えられる。

これを、**運動量** (momentum) : $\vec{p} = m\vec{v}$ を使って表現すると

$$E_k = \frac{\left|\vec{p}\right|^2}{2m} = \frac{1}{2m}(p_x{}^2 + p_y{}^2 + p_z{}^2)$$

となる。さらに、変形すると

$$p_x{}^2 + p_y{}^2 + p_z{}^2 = 2mE_k$$

という式が得られる。つまり、われわれはこの関係を足掛かりにして、まず、運動量の分布がどうなっているかを考える。そのうえで、その結果をもとにエネルギー分布を考えることになる。よって、われわれは気体分子の運動量の分布をまず求める必要がある。

---

[7] 単原子分子気体としては不活性ガスの He, Ne, Ar などがある。

3.2.　運動量空間

　ここで、図 3-2 に示すような 3 軸がそれぞれ p_x, p_y, p_z からなる空間を考えてみ
よう。

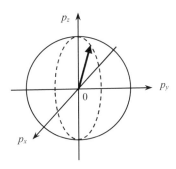

　図 3-2　運動量空間とは、3 軸が p_x, p_y, p_z からなる直交座標系である。気体分子
の運動エネルギーの分布は 3 次元の拡がりを有する。この図において、同じエネ
ルギーE を有する気体分子は、すべて、同じ球面上に位置することになる。

　このような空間を、**運動量空間** (momentum space) と呼んでいる。運動量空間
は、実在するわけではなく、あくまでも仮想の空間であるが、運動量分布を考え
る場合には、便利である。ここで、上式は、運動量空間において、半径が $\sqrt{2mE_k}$
の**球** (sphere) に対応する。

　つまり、運動量空間において、等エネルギーを有する気体分子は、中心から

$$\left| \vec{p} \right| = p = \sqrt{2mE_k}$$

の球面上に位置することになる。

　このとき、大きさ $\sqrt{2mE_k}$ の運動量ベクトル

$$\vec{p} = (p_x \quad p_y \quad p_z)$$

が、その気体の運動状態を記述することになる。

3.3. 状態数

　われわれの目的は、体積 V の容器に入った内部エネルギーが E となる N 個の気体分子の占める状態数 $W(E)$ を求めることにある。ところが、気体分子の速度（あるいは運動量）は、連続的に変化するため、そもそも、離散的な状態というものを考えることができない。そこで、この問題に対処するために、いくつか手順を踏みながら、計算を進めていくことになる。

　運動量空間において、等エネルギー E_k を有する気体分子は、同じ半径の球面上に位置するという説明をした。それでは、エネルギー E_k を有する状態は、全体のどの程度になるのであろうか。

　実は、球面だけを考えていたのでは、この質問に対する解は得られないのである。これは、連続変数の場合には、ある区間（幅）を考えないと、確率を求めることができないことと等価である[8]。

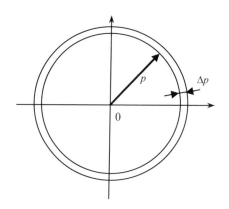

図 3-3　運動量空間において有限の体積をもった球殻：球面での状態数は求められないが、この球殻に入る状態数は考えることができる。

　それでは、どうすればよいのであろうか。3 次元の運動量空間の場合には、面ではなく、3 方向に、ある幅を持った体積を考える必要がある。

　そこで、図 3-3 に示すように、面ではなく、この面から微小量 Δp だけの厚さ

---

[8] 離散型と連続型関数の確率の考え方は補遺 3-1 を参照されたい。

の体積を考える。すると、この幅の中に気体分子が入る割合を求められる。

この運動量空間における殻の体積は、球面の表面積 $4\pi p^2$ に厚さ Δp をかけた

$$4\pi p^2 \Delta p$$

となる。

この体積の中に、どの程度の気体分子のエネルギー状態が存在するかを求めればよいことになる。

ただし、問題はまだある。そもそも気体分子 1 個が占める運動量空間の体積（気体分子1個の入ることのできる部屋）などというものを、考えられるのであろうか。

もし、運動量が連続とすれば、このような**単位胞** (unit cell) を考えることそのものができない。ここで、われわれは**量子力学** (quantum mechanics) の考えを借りて、単位胞を想定することになる。

3. 4.　単位胞の大きさ

気体分子の速さは、任意の値をとることができるから、気体分子のエネルギー分布は連続となるはずである。とすると、気体分子が取り得る状態の数は無限となってしまい、いままで、**離散的なエネルギー準位** (discrete energy level) を仮定してミクロカノニカル分布の手法で求めてきた微視的状態の数が求められないことになる。

実は、量子力学の考え、すなわちミクロ粒子が有する波動性を適用すると、気体分子 1 個が占めることのできる**運動量空間の単位胞** (unit cell in momentum space) の大きさを求めることができる[9]。

このとき、一辺の長さが L の立方体の箱に閉じ込められたミクロ粒子を考えると、運動量空間において粒子1個が占めることのできる最小の大きさは

$$a^3 = \frac{h^3}{8L^3}$$

と与えられる。ただし、h は**プランク定数** (Planck constant) である。

すると、運動量の最も小さな単位胞 (p_x　p_y　p_z) は、原点を中心として

---

[9] 単位胞の求め方については、補遺 3-2 を参照されたい。

$$(a \ a \ a) \quad (-a \ a \ a) \quad (a \ -a \ a) \quad (a \ a \ -a)$$

$$(-a \ -a \ a) \quad (-a \ a \ -a) \quad (a \ -a \ -a) \quad (-a \ -a \ -a)$$

の 8 個の状態が存在する（図 3-4 参照）。

つまり 1 辺が $2a$ の立方体の中にある単位胞 a^3 の個数となり、$8a^3$ から 8 個と計算できる。

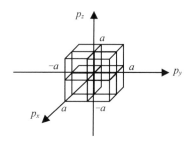

図 3-4　運動量空間における最小の単位胞の配置

つぎにエネルギーの高い状態を単位胞が占める運動量空間の範囲は a から $2a$ ということになる。これは図 3-4 の単位胞を取り囲むように存在する。つまり、1 辺が $4a$ の立方体の体積 $64a^3$ の中に含まれる 64 個の単位胞から、最小エネルギーの 8 個を引いた 56 個となる。

図 3-5 に 3 次元空間において、xy 平面を切り出した 2 次元面における単位胞の分布を示す。このように、運動量増加とともに単位胞の数、すなわち、状態数はどんどん増えていき、すぐに莫大な数になることがわかるであろう。

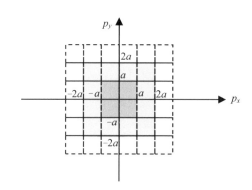

図 3-5　エネルギーすなわち運動量の大きい状態にある単位胞は急減に増えていく。

3. 5.　状態密度

ここで、運動量空間の**状態密度** (density of states) というものを考えてみよう。密度とは、単位体積中の状態の数であるから、運動量空間の単位体積のなかに単位胞が何個含まれているかに対応する。よって、単位体積 1 を単位胞の体積 a^3 で除すと、密度になり

$$D = \frac{1}{a^3} = \frac{8L^3}{h^3}$$

と与えられる。

容器の体積を $V = L^3$ と置くと

$$D = \frac{8V}{h^3}$$

となる。

これが、運動量空間内の状態密度である。ところで、この表式では、密度が体積 V に比例している。これには違和感があるかもしれないが、V は運動量空間の体積ではなく、実空間の体積である。つまり、密度を求める対象の運動量空間の体積とは関係がないことに注意されたい。

さらに、この結果は、気体分子の入った容器の体積が増えると、状態の数が増えるということに対応しており、エントロピーの示量性とも関係している。

演習 3-1　運動量が 0 から p までの範囲（運動量空間の半径 p の球内）にある状態数を求めよ。

解）　状態数は

状態密度 × 運動量空間の体積

によって得られる。運動量が 0 から p までの範囲、すなわち運動量空間の半径 p の球の体積は $(4/3)\pi p^3$ であるので、求める状態数は

$$W_0(p) = \frac{4}{3}\pi p^3 \cdot D = \frac{32}{3}\pi V \frac{p^3}{h^3}$$

となる。

ところで、いま求めた状態数は運動量 p に関するものである。われわれが求めたいのは、エネルギー E の状態数である。ここで

$$E = \frac{p^2}{2m}$$

という対応関係にあるので、単純に p を E に変換すると、エネルギーが 0 から E までの範囲にある状態数は

$$W_0(E) = \frac{32}{3}\pi V \left(\frac{2mE}{h^2}\right)^{\frac{3}{2}}$$

と与えられることになる。ただし、このままでは問題がある。いま一度、運動量とエネルギーの関係を考えてみよう。前節では、運動量空間のもっとも小さい単位胞で 8 種類の状態を示したが、実は、これら状態のエネルギーはすべて等しく、最低エネルギー状態にある。つまり、エネルギーに着目すれば、運動量空間で異なる 8 個の微視的状態は、すべて同じものとなるのである。これは、p_x, p_y, p_z には正負の違いがあるため

$$2 \times 2 \times 2 = 8$$

の 8 個の違う状態が、エネルギーの場合は

$$E = \frac{p_x{}^2 + p_y{}^2 + p_z{}^2}{2m}$$

のように、運動量の平方和となり、状態の違いとして反映されないためである。したがって、エネルギーの状態数は、運動量の状態数を 8 で除して

$$W_0(E) = \frac{4}{3}\pi V \left(\frac{2mE}{h^2}\right)^{\frac{3}{2}}$$

とする必要がある。

3.6. エネルギー状態密度

　前節までの取り扱いで、エネルギーが 0 から E までの範囲にある状態数 $W_0(E)$ を求めることができた。ただし、われわれが求めたいのはエネルギー E に対応した状態数 $W(E)$ であり、0 から E までの積算ではない。
　すでに紹介したように、連続的に変化する E の場合に、ピンポイントで E を

指定して、その状態の数 $W(E)$ を求めることができない。そのために、E ではなく、E と $E + \Delta E$ という幅を考えて、状態数を求める必要がある。

つまり

$$W(E, \Delta E) = W_0(E + \Delta E) - W_0(E)$$

を求める必要がある。

ここで、ΔE が十分小さいとすると、微分の定義

$$\lim_{\Delta E \to 0} \frac{W_0(E + \Delta E) - W_0(E)}{\Delta E} = \frac{dW_0(E)}{dE}$$

をもとに

$$\frac{W_0(E + \Delta E) - W_0(E)}{\Delta E} \cong \frac{dW_0(E)}{dE}$$

と近似できる。これを $D(E)$ と置く。すると

$$D(E) = \frac{dW_0(E)}{dE}$$

となる。$D(E)$ をエネルギーに関する**状態密度** (density of state) と呼んでいる。

演習 3-2　理想気体の状態密度を求めよ。

解）　エネルギーが 0 から E までの状態数が

$$W_0(E) = \frac{4}{3}\pi V \left(\frac{2mE}{h^2}\right)^{\frac{3}{2}} = \frac{4}{3}\pi V \left(\frac{2m}{h^2}\right)^{\frac{3}{2}} E^{\frac{3}{2}}$$

であるから

$$D(E) = \frac{dW_0(E)}{dE} = \frac{4}{3}\pi V \left(\frac{2m}{h^2}\right)^{\frac{3}{2}} \cdot \frac{3}{2} E^{\frac{1}{2}}$$

となり、整理すると

$$D(E) = \frac{2\pi V}{h^3} (2m)^{\frac{3}{2}} \sqrt{E}$$

と与えられる。

この式からわかるように、気体分子の状態密度 $D(E)$ は $\sqrt{E}$ に比例する。つまり、単位体積あたりの状態数はエネルギーとともに増えていくが、エネルギーが 2 倍になれば、状態密度は $\sqrt{2} \cong 1.4$ 倍程度になるということを示している。ただし、これは粒子の入ることのできる部屋の数である。

状態密度 $D(E)$ の意味は、積分表示によって、より明確となる。つまり、0 から E までの範囲にある状態数 $W_0(E)$ が E の関数とみなすと

$$W_0(E) = \int_0^E D(E)\, dE$$

と与えられるからである。さらに

$$W(E, \Delta E) = W_0(E + \Delta E) - W_0(E) = \int_E^{E+\Delta E} D(E)\, dE$$

という関係にある。ここで、エネルギー E と状態密度 $D(E)$ のグラフは図 3-6 のようになる。この図で、$W_0(E)$ は 0 から E まで $D(E)$ を積分したものとなり、グラフ $D(E)$ の 0 から E までの面積となる。そして、E 以下の状態の総数に相当する。

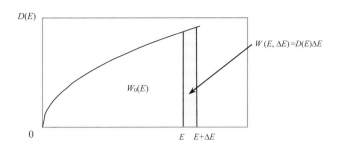

図 3-6 エネルギー E とエネルギー状態密度 $D(E)$ の関係

図 3-6 において、射影を施した領域の面積 $D(E)\Delta E$ が、エネルギーが E から $E + \Delta E$ の範囲にある状態数 $W(E, \Delta E)$ となる。

ただし、これは、あくまでも状態という部屋の数であり、これだけある部屋に N 個の粒子を配置していくことになる。これが求める状態数となる。

3.7.　N 粒子系の状態数

　以上の考察で、最大エネルギーが与えられたときの状態数（粒子の入ることのできる部屋の数）や、あるエネルギー範囲にある状態数を求めることができるようになった。

　ただし、われわれがエントロピーを計算するために求めたい状態数 W は、実際には、N 個の粒子を、エネルギーが E という条件下で、これらエネルギー状態（部屋）に配する場合の数である。

　例として、エネルギーが 3 準位あり、粒子数が 3 個の系を思い出してみよう。前節で、われわれが求めた $W_0(E)$ は、このエネルギー準位の数の 3 に対応する。

　そして、3 準位、3 粒子系では 3^3 個の状態数が得られるということも思い出してほしい。さらに、エネルギーが 3 準位しかなくとも、粒子数が N 個の場合には、3^N 個もの状態数が得られるのであった。

　以上を踏まえたうえで、考察を進めていこう。粒子が 1 個の場合には

$$p_x, p_y, p_z$$

の 3 変数で、運動状態を記述することができる。粒子が 2 個の場合には

$$p_{x1}, p_{y1}, p_{z1}, \qquad p_{x2}, p_{y2}, p_{z2}$$

のように 6 個の変数（運動量成分）が必要となる。これら運動量成分は、互いに相関はなく、すべて独立しているので、あえて、座標を描こうとすると、6 次元座標が必要となる。

　そして、粒子が N 個の場合には、その運動を記述するためには

$$p_{x1}, p_{y1}, p_{z1}, p_{x2}, p_{y2}, p_{z2}, \cdots\cdots, p_{xN}, p_{yN}, p_{zN}$$

のように $3N$ 個の変数が必要となり、この場合も、すべての変数は独立しているので、座標としては、$3N$ 次元座標が必要となる。

　もちろん、このような多次元座標を頭の中で描くのは、不可能である。よって、2 次元や 3 次元座標を参考にしながら、多次元になったらどうなるだろうかという視点で考察を進めていくしかない。

　さて、運動量空間の状態密度は

$$D_p = \frac{1}{a^3} = \frac{8L^3}{h^3} = \frac{8V}{h^3}$$

であった。

ただし、これは、1 個の粒子を配することのできる状態の密度（単位体積あたりの状態数）と考えられる。2 個の粒子の場合には、1 個の粒子に対して D_p 通りの状態が考えられるので、結局、それぞれの状態数のかけ算となり $D_p{}^2$ となる。とすれば、N 個の粒子の場合には

$$\left(D_p\right)^N = \left(\frac{8V}{h^3}\right)^N$$

となるはずである。

　エネルギーに関する状態密度は、運動量の 1/8 であることを思い出すと

$$\left(D_E\right)^N = \left(\frac{V}{h^3}\right)^N$$

と修正される。

　つぎに、運動量空間の球の体積を求めてみよう。最大エネルギーが E の運動量空間は

$$p_x{}^2 + p_y{}^2 + p_z{}^2 \leq 2mE$$

という 3 次元の球内にあり、この体積に状態密度を乗じたものが、状態数であった。これが 2 個の粒子の場合には

$$p_{x1}{}^2 + p_{y1}{}^2 + p_{z1}{}^2 + p_{x2}{}^2 + p_{y2}{}^2 + p_{z2}{}^2 \leq 2mE$$

となり、あえて言えば、6 次元の球の体積となる。

　そして、N 個の場合には

$$p_{x1}{}^2 + p_{y1}{}^2 + p_{z1}{}^2 + p_{x2}{}^2 + p_{y2}{}^2 + p_{z2}{}^2 + \cdots + p_{xN}{}^2 + p_{yN}{}^2 + p_{zN}{}^2 \leq 2mE$$

のように、3N 次元の球の体積となる。

　ここで

$$\frac{p_{x1}{}^2 + p_{y1}{}^2 + p_{z1}{}^2}{2m} + \frac{p_{x2}{}^2 + p_{y2}{}^2 + p_{z2}{}^2}{2m} + \cdots + \frac{p_{xN}{}^2 + p_{yN}{}^2 + p_{zN}{}^2}{2m} = E$$

という関係にあるので、E は N 個の粒子のエネルギーの総和に相当する。つまり、これが内部エネルギーとなり、$E = U$ となる。

　ミクロカノニカルの手法では、内部エネルギーE が与えられたときのエントロピーS を求めることを目標としている。

実は、半径 R の n 次元球の体積は数学的に求められており、つぎのように与えられる[10]。

$$C_n(R) = \frac{2\pi^{n/2}}{n \cdot \Gamma(n/2)} R^n$$

ただし、分母は**ガンマ関数** (Gamma function) である[11]。

演習 3-3　運動量空間において、半径が $R = \sqrt{2mE}$ となる $3N$ 次元球の体積を求めよ。

　解）　$C_n(R) = \dfrac{2\pi^{n/2}}{n \cdot \Gamma(n/2)} R^n$ に $n = 3N, \ R = \sqrt{2mE}$ を代入すると

$$C_{3N}(\sqrt{2mE}) = \frac{2\pi^{\frac{3N}{2}}}{3N \cdot \Gamma\left(\dfrac{3N}{2}\right)} (2mE)^{\frac{3N}{2}}$$

となる。

この表記は、すでに運動量ではなく、エネルギー E の関数となっている。

演習 3-4　3 次元空間に分布する N 個の粒子からなる系のエネルギーが 0 から E の範囲にある状態数 $W_0^N(E)$ を求めよ。ここでは、N 粒子系であることを明示するために N を付している。

　解）　$3N$ 次元球の体積　$C_{3N}(\sqrt{2mE})$　にエネルギー状態密度 $\left(D_E\right)^N$ をかけて

$$W_0^N(E) = C_{3N}(\sqrt{2mE})\left(D_E\right)^N = \frac{2\pi^{\frac{3N}{2}}}{3N \cdot \Gamma\left(\dfrac{3N}{2}\right)} (2mE)^{\frac{3N}{2}} \cdot \left(\frac{V}{h^3}\right)^N$$

---

[10] この式の導出方法は、本章の補遺 3-4 を参照いただきたい。
[11] ガンマ関数については、n 次元球の体積を求めるために必要となる。本章の補遺 3-3 を参照いただきたい。

となる。整理すると

$$W_0{}^N(E) = \frac{2(2m\pi)^{\frac{3N}{2}} \cdot V^N}{3Nh^{3N} \cdot \Gamma\left(\dfrac{3N}{2}\right)} E^{\frac{3N}{2}}$$

と与えられる。

$W_0{}^N(E)$ が N 個からなる粒子の系において、エネルギーが 0 から E までの範囲にある状態の総数である。

3.8. エントロピー

ところで、今求めた $W_0{}^N(E)$ は、エネルギーが 0 から E のなかに含まれる状態数である。エントロピー計算において必要なのは、総エネルギーつまり内部エネルギーが E のときの状態数 $W^N(E)$ である。

ただし、すでに説明したように、エネルギーが連続型であるため、状態数をただ 1 点の E に対応した値を求めることはできず、E と $E + \Delta E$ の範囲を考える必要がある。

演習 3-5　3 次元空間に分布する N 個の粒子からなる系において、エネルギーが E と $E + \Delta E$ の範囲に存在する状態数 $W^N(E, \Delta E)$ を求めよ。

解）　エネルギー状態密度は

$$D^N(E) = \frac{dW_0{}^N(E)}{dE} = \frac{2(2m\pi)^{\frac{3N}{2}} \cdot V^N}{3Nh^{3N} \cdot \Gamma\left(\dfrac{3N}{2}\right)} \cdot \frac{3N}{2} E^{\frac{3N}{2}-1}$$

$$= \frac{(2m\pi)^{\frac{3N}{2}} \cdot V^N}{h^{3N} \cdot \Gamma\left(\dfrac{3N}{2}\right)} E^{\frac{3N}{2}-1}$$

となる。したがって

$$W^N(E,\Delta E)=W_0^N(E+\Delta E)-W_0^N(E)=D^N(E)\Delta E=\frac{(2m\pi)^{\frac{3N}{2}}\cdot V^N}{h^{3N}\cdot\Gamma\left(\frac{3N}{2}\right)}E^{\frac{3N}{2}-1}\cdot\Delta E$$

$$=\left(\frac{2m\pi}{h^2}\right)^{\frac{3N}{2}}\cdot V^N\cdot\frac{\Delta E}{\Gamma\left(\frac{3N}{2}\right)}E^{\frac{3N}{2}-1}$$

と与えられる。

演習 3-6　$\Gamma(3N/2)$ の値を求めよ。ただし、N を偶数として、ガンマ関数の性質（補遺 3-3）である $\Gamma(n)=(n-1)!$ を利用せよ。

解）　ガンマ関数の性質から

$$\Gamma\left(\frac{3N}{2}\right)=\left(\frac{3N}{2}-1\right)!$$

となる。

スターリング近似を使うと

$$\ln\left\{\left(\frac{3N}{2}-1\right)!\right\}\cong\left(\frac{3N}{2}-1\right)\ln\left(\frac{3N}{2}-1\right)-\left(\frac{3N}{2}-1\right)$$

となるが、$3N/2\gg1$ であるから、1 は無視してよい。

すると

$$\ln\left(\frac{3N}{2}-1\right)!\cong\frac{3N}{2}\ln\left(\frac{3N}{2}\right)-\frac{3N}{2}$$

となり

$$\Gamma\left(\frac{3N}{2}\right)\cong\frac{3N}{2}\ln\left(\frac{3N}{2}\right)-\frac{3N}{2}$$

と与えられる。

演習 3-7　状態数 $W^N(E,\Delta E)$ の自然対数を求めよ。

解）

$$W^N(E,\Delta E) = \left(\frac{2m\pi}{h^2}\right)^{\frac{3N}{2}} \cdot V^N \cdot \frac{\Delta E}{\Gamma\left(\frac{3N}{2}\right)} E^{\frac{3N}{2}-1}$$

より

$$\ln W^N(E,\Delta E) = \frac{3N}{2}\ln\left(\frac{2m\pi}{h^2}\right) + N\ln V + \ln\Delta E - \ln\left\{\Gamma\left(\frac{3N}{2}\right)\right\} + \left(\frac{3N}{2}-1\right)\ln E$$

よって

$$\ln W^N(E,\Delta E) \cong \frac{3N}{2}\ln\left(\frac{2m\pi}{h^2}\right) + N\ln V + \ln\Delta E - \frac{3N}{2}\ln\left(\frac{3N}{2}\right) + \frac{3N}{2} + \frac{3N}{2}\ln E$$

とできる。

さらに $\ln\Delta E$ の項も無視すると

$$\ln W^N(E,\Delta E) \cong \frac{3N}{2}\ln\left(\frac{4m\pi}{3h^2}\frac{E}{N}\right) + N\ln V + \frac{3N}{2}$$

と整理できる。

いろいろ苦労したが、ミクロカノニカルの手法を使い、本章の大きな目的である内部エネルギー E を有する理想気体のエントロピー $S(E)$ を

$$S(E) = k_{\mathrm{B}}\ln W^N(E,\Delta E) = k_{\mathrm{B}}N\left\{\frac{3}{2}\ln\left(\frac{4m\pi}{3h^2}\frac{E}{N}\right) + \ln V + \frac{3}{2}\right\}$$

と求めることができた。

あとは、エントロピーをもとに他の熱力学関数を求めていけばよい。ところで、このエントロピーの表式を見ると、V,N も変数として含んでいる。実際に、エントロピーは

$$S = S(E,V,N)$$

のように 3 変数 E,V,N の関数であるので、この表式をそのまま使えることになる。もちろん、最初の仮定では、V,N は一定としている。ただし、理想気体が入る箱の大きさを変えれば、V,N も変化する。それが上記の $S(E)$ には取り入れられているのである。

演習 3-8 体積が V の容器に閉じ込められた粒子数が N であり、内部エネルギーが E のミクロカノニカル集団の理想気体の温度 T を求めよ。

解） エントロピーが E の関数として求められれば

$$\left(\frac{\partial S(E)}{\partial E}\right)_{V,N} = \frac{1}{T}$$

によって、温度 T は与えられる。

ここで、先ほど求めたエントロピーは

$$S(E) = k_B N \left\{ \frac{3}{2}\ln\left(\frac{4m\pi}{3h^2}\frac{1}{N}\right) + \frac{3}{2}\ln E + \ln V + \frac{3}{2} \right\}$$

と変形できる。

V, N が変化しないとすると

$$\frac{dS(E)}{dE} = \frac{3}{2}k_B N \cdot \frac{1}{E}$$

となる。これが、$1/T$ に等しいので

$$T = \frac{2E}{3Nk_B}$$

と与えられる。

いま求めた式を変形すると

$$E = \frac{3}{2}Nk_B T$$

という関係が得られる。これは、熱力学で得られている結果であり、N がアボガドロ数の場合

$$E = \frac{3}{2}RT$$

となり、1 モルの理想気体の内部エネルギーに相当する。

このように、統計力学では、ミクロカノニカル集団のエントロピーを求めることで、マクロな熱力学関数を求めることができる。ただし、いま求めたエントロピーに問題が見つかったのである。

3.9. エントロピーの示量性

　熱力学関数は、**示強性** (intensive property) を示すものと**示量性** (extensive property) を示すものに分類できる。示量性とは、系の量が 2 倍になれば、その値も 2 倍になることを指す。示強性とは、系の量を増やしても、値が変わらない性質を指す。

　エントロピーは示量変数である。ここでは、エントロピーの定義式

$$S = k_B \ln W$$

から示量性を考察してみよう。いま、状態数が W_1 と W_2 の 2 個の系があるとする。すると、それぞれの系のエントロピーは

$$S_1 = k_B \ln W_1 \qquad\qquad S_2 = k_B \ln W_2$$

と与えられる。

　これら系を加えたとき、どうなるだろうか。系 1 の状態ひとつに対して、系 2 は W_2 通りの状態をとることができる。

　したがって、新たな系の状態数 W は

$$W = W_1 \times W_2$$

と与えられることになる。

　よって、結合系のエントロピー S は

$$S = k_B \ln W = k_B \ln W_1 W_2 = k_B \ln W_1 + k_B \ln W_2 = S_1 + S_2$$

となる。

　そして、状態数が W_1 と同じ 2 個の系を一緒にした場合には

$$S = k_B \ln W = k_B \ln W_1^2 = 2 k_B \ln W_1 = 2 S_1$$

となり、示量性を示すことがわかる。

　ここで、あらためて、総エネルギーが E で N 粒子系のエントロピーを見つめなおしてみよう。それは

$$S(E, V, N) = k_B N \left\{ \frac{3}{2} \ln \left(\frac{4m\pi}{3h^2} \frac{E}{N} \right) + \ln V + \frac{3}{2} \right\}$$

となっている。

　ここで、右辺に N があるので、これで示量性は担保されているように思える。それでは、さらに、かっこ $\{\ \}$ の中を見てみよう。まず、最初の項に E/N が入っているが、こちらは示量変数を示量変数で除しているので、全体の示量性には影

響を与えない。

　問題は、第 2 項の $\ln V$ である。V は示量変数であり、右辺において、N の項で示量性はすでに含まれているので、$\ln V$ が余計な成分となっているのである。

　それでは、何が問題なのであろうか。N 粒子系の考察では、N 個の粒子は、すべて区別できるということを前提に話を進めてきた。しかし、気体分子を 1 個 1 個区別することができるのであろうか。

　実は、量子力学では波動性のために、ミクロ粒子を 1 個 1 個区別することはできないとされている。これを不可弁性と呼んでいる。

　したがって、状態数を計算するときに、N 個の粒子を並べる場合の数である $N!$ だけ、余計にカウントしていることになる。

　よって、状態数は $N!$ で除して

$$W^N(E, \Delta E) = \frac{1}{N!} \cdot \left(\frac{2m\pi}{h^2}\right)^{\frac{3N}{2}} \cdot V^N \cdot \frac{\Delta E}{\left(\frac{3N}{2}-1\right)!} E^{\frac{3N}{2}-1}$$

という補正が必要になる。

演習 3-9　気体分子が区別できないという条件のもとで、あらためて理想気体のエントロピーを求めよ。

　解）　$W^N(E, \Delta E)$ の自然対数をとろう。スターリング近似
$$\ln N! = N \ln N - N$$
を使えば

$$\ln W^N(E, \Delta E) \cong \frac{3N}{2} \ln\left(\frac{4m\pi}{3h^2}\frac{E}{N}\right) + N \ln V + \frac{3N}{2} - (N \ln N - N)$$

$$= \frac{3N}{2} \ln\left(\frac{4m\pi}{3h^2}\frac{E}{N}\right) + N \ln\left(\frac{V}{N}\right) + \frac{5N}{2}$$

となる。

　よって、エントロピーは

$$S(E, V, N) = k_B N \left\{ \frac{3}{2} \ln\left(\frac{4m\pi}{3h^2}\frac{E}{N}\right) + \ln\left(\frac{V}{N}\right) + \frac{5}{2} \right\}$$

と修正されることになる。

　この式を見ると、問題となった $\ln V$ の項が $\ln(V/N)$ へと修正されている。すると、示量変数である V が示量変数である N で除されており、式の整合性がとれているのである。

　したがって、統計力学では、この表式をエントロピーとして採用している。このような修正を加えても

$$\frac{\partial S(E,V,N)}{\partial E} = \frac{3}{2}k_{\mathrm{B}}N \cdot \frac{1}{E} = \frac{1}{T}$$

から

$$E = \frac{3}{2}Nk_{\mathrm{B}}T$$

となって、先ほどとまったく同じ関係が得られる。この関係を利用して、E から T の関数へと変換すると、エントロピーは

$$S(T,V,N) = k_{\mathrm{B}}N\left\{\frac{3}{2}\ln\left(\frac{2\pi mk_{\mathrm{B}}}{h^2}T\right) + \ln\left(\frac{V}{N}\right) + \frac{5}{2}\right\}$$

となる。この式では、測定可能な T, V, N が変数となっているので有用である。

演習 3-10　求めたエントロピーSの表式 $S(T,V,N)$ を利用して、ヘルムホルツの自由エネルギー $F = E - TS$ を求めよ。

　解）　ヘルムホルツの自由エネルギーFに

$$E = \frac{3}{2}k_{\mathrm{B}}NT$$

ならびに

$$S = k_{\mathrm{B}}N\left\{\frac{3}{2}\ln\left(\frac{2\pi mk_{\mathrm{B}}}{h^2}T\right) + \ln\left(\frac{V}{N}\right) + \frac{5}{2}\right\}$$

を代入すると

$$F = E - TS = \frac{3}{2}k_{\mathrm{B}}NT - Tk_{\mathrm{B}}N\left\{\frac{3}{2}\ln\left(\frac{2\pi mk_{\mathrm{B}}}{h^2}T\right) + \ln\left(\frac{V}{N}\right) + \frac{5}{2}\right\}$$

となる。右辺を整理すると

$$F = -N k_{\mathrm{B}} T \left\{ \frac{3}{2} \ln\left(\frac{2\pi m k_{\mathrm{B}}}{h^2} T\right) + \ln\left(\frac{V}{N}\right) + 1 \right\}$$

となる。あるいは

$$F = -N k_{\mathrm{B}} T \left\{ \ln\left(\frac{2\pi m k_{\mathrm{B}}}{h^2} T\right)^{\frac{3}{2}} + \ln\left(\frac{V}{N}\right) + \ln e \right\}$$

から

$$F = -Nk_{\mathrm{B}}T \cdot \ln\left\{ \frac{eV}{N}\left(\frac{2\pi m k_{\mathrm{B}}}{h^2} T\right)^{\frac{3}{2}} \right\} = -Nk_{\mathrm{B}}T \cdot \ln\left\{ \frac{eV}{Nh^3}\left(2\pi m k_{\mathrm{B}}T\right)^{\frac{3}{2}} \right\}$$

とまとめることもできる。

　これも、エントロピーを足がかりにして、他のマクロな熱力学関数を導出することができる一例である。

　以上のように、ミクロカノニカル分布の手法では、系のエネルギーEが与えられたときの状態数 $W(E)$ を求めるのが基本である。その後、エントロピーSを $S = k_{\mathrm{B}}\ln W(E)$ により計算し、他の熱力学関数を求めていくことになる。

補遺 3-1　連続関数の確率

　サイコロを振って出る目の確率を考えてみよう。1 から 6 までの目の出る確率は、すべて同じ 1/6 であり、これら確率の和は

$$\frac{1}{6}+\frac{1}{6}+\frac{1}{6}+\frac{1}{6}+\frac{1}{6}+\frac{1}{6}=1$$

のように 1 となる。

　それでは、$0 < x_1 \leq 6$ までの区間の数直線があり、この数直線上にある任意の点を無作為に抽出して 2 という数字にあたる確率はどうであろうか。同じように、1/6 としてよいのであろうか。

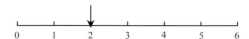

　実は、この確率は、計算不能なのである。その理由を考えてみよう。実数は連続であり、その数は無限である。そして、2 の近傍には、1.9 と 2.1 という数字もあれば、1.99999 と 2.00001 という数字もある。$2 \pm \Delta$ の Δ はいくらでも小さくできるので、2 という数字の近傍にある実数は無数にあり、ぴったり 2 という数字にあたる確率は、ほぼ 0 なのである。これが離散的な場合と連続的な場合の違いである。そこで、いまの数直線に幅を持たせ

$$0 < x_1 \leq 1 \ , \ 1 < x_2 \leq 2 \ , \ ....., \ 5 < x_6 \leq 6$$

という 6 個の区間に分ける。

　ここで、たとえば、数直線上にある任意の点を無作為に抽出して、その数が $1 < x_2 \leq 2$ という範囲にある確率はと問われれば、この場合は、1/6 という答えを出すことができる。このように、数のように連続的に変化する事象を対象とする場合に、確率を求めるためには、必ず、ある区間（幅）を想定しないといけないことになる。

　つぎに、図 A3-1 に示すように、事象 $x = 1, 2, 3, ..., n$ に対応して、それぞれの事象の生じる数が $N(1), N(2), N(3), ..., N(n)$ となる場合を想定しよう。

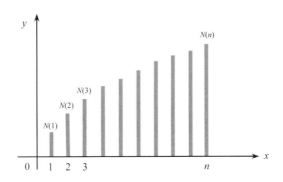

図 A3-1　離散的な事象

　すると、事象 1 が生じる確率 $p(1)$ は

$$p(1) = \frac{N(1)}{N(1) + N(2) + ... + N(n)} = \frac{N(1)}{\sum_{k=1}^{n} N(k)}$$

となる。そして、一般的には、事象 j が生じる確率は

$$p(j) = \frac{N(j)}{\sum_{k=1}^{n} N(k)}$$

となる。このとき

$$p(1) + p(2) + ... + p(n) = \sum_{k=1}^{n} p(k) = 1$$

となる。

このように、離散的な場合には、ある事象が起こる回数を全事象の数で割れば、その事象が生じる確率が得られ、確率をすべて足せば 1 となる。

ところで、x が離散的ではなく、連続している場合はどうなるであろうか。

たとえば、速度やエネルギーなどの物理量の分布は連続的である。このような場合には、$N(x)$ は連続関数となる。このとき、離散的な場合の全事象の総和に対応するものとして、ある区間 $0 \leq x \leq a$ における次の積分を考えればよい。

$$\int_0^a N(x)\ dx$$

それでは、連続型の場合に、$x=x_1$ に対応した事象が生じる確率はどうなるのであろうか。すでに、説明したように、連続関数では、この確率を求めることができない。なぜなら、x_1 の近傍には、無数の実数が存在するからである。あえて解を出せば、確率は 0 となる。

つまり、連続型の場合には、ある区間（幅）を考えないと、確率を求めることができないのである。たとえば、図 A3-2 に示したような $c \leq x \leq d$ の範囲にある確率は、つぎの式によって求めることができる。

$$p(c \leq x \leq d) = \frac{\displaystyle\int_c^d N(x)\,dx}{\displaystyle\int_0^a N(x)\,dx}$$

右辺の分子は、図 A3-2 の陰影部の面積に相当する。つまり、面積比で確率を求めることができるのである。

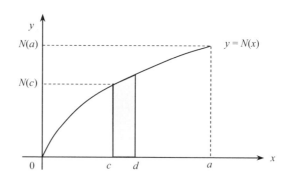

図 A3-2　$c \leq x \leq d$ の範囲にある事象に対応した積分

　ところで、このような区間を考える場合に、x_1 近傍の狭い領域で、事象が生じる確率を求めたいということがある。

　この場合は、Δx を微小変化量として

$$x_1 \leq x \leq x_1 + \Delta x$$

いう範囲で、事象が生じる確率を求めればよい。

　この場合、求める確率は

$$p(x_1 \leq x \leq x_1 + \Delta x) = \frac{\int_{x_1}^{x_1+\Delta x} N(x)\,dx}{\int_0^a N(x)\,dx}$$

と与えられる。ここで

$$f(x) = \frac{N(x)}{\int_0^a N(x)\,dx}$$

という関数を考えよう。すると

$$\int_0^a f(x)\,dx = 1$$

となり、結局、$f(x)$ は確率分布を与える関数となる。専門的には、$f(x)$ のことを確率密度関数と呼んでいる。この関数を使うと、つぎの積分から直接確率を求めることができ

$$p(x_1 \leq x \leq x_1 + \Delta x) = \int_{x_1}^{x_1+\Delta x} f(x)\,dx$$

となる。ここで

$$F(x) = \int f(x)\,dx$$

という原始関数 $F(x)$ を考えよう。

　すると、積分は

$$\int_{x_1}^{x_1+\Delta x} f(x)\,dx = F(x_1 + \Delta x) - F(x_1)$$

となる。

　Δx が微小量として、微分の定義を思い出すと

$$\frac{F(x_1 + \Delta x) - F(x_1)}{\Delta x} = \left.\frac{dF(x)}{dx}\right|_{x=x_1} = f(x_1)$$

となり

$$F(x_1 + \Delta x) - F(x_1) = f(x_1)\Delta x$$

となる。よって

$$\int_{x_1}^{x_1 + \Delta x} f(x)\,dx = f(x_1)\Delta x$$

と与えられる。したがって、Δx が微小量のとき、$f(x)$ を確率密度関数とすると

$$f(x_1)\Delta x$$

は

$$x_1 \leq x \leq x_1 + \Delta x$$

の範囲で事象が生じる確率を与えるのである。あるいは、Δx を dx として $f(x_1)\,dx$ という表記を使う場合も多い。

補遺 3-2　単位胞の計算

　一辺の長さが L の立方体の中に閉じ込められたミクロ粒子の量子力学的状態を考えてみよう。

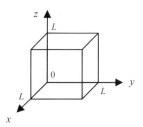

図 A3-3　ミクロ粒子の閉じ込められている立方体

　まず、ミクロ粒子は、3 次元空間を運動しているので、つぎの 3 次元のシュレーディンガー方程式

$$-\frac{\hbar^2}{2m}\left(\frac{\partial^2}{\partial x^2}+\frac{\partial^2}{\partial y^2}+\frac{\partial^2}{\partial z^2}\right)\psi(x,y,z)+V(x,y,z)\psi(x,y,z)=E(x,y,z)\psi(x,y,z)$$

に従う。ただし、$\hbar$ はプランク定数 h を 2π で除したものである。また、V はポテンシャルエネルギー、E は運動エネルギーに対応する。

　ここで、$\psi(x,y,z)$ がミクロ粒子の波動関数であり、この微分方程式を解くことによって、その運動状態を解析できる。

　ミクロ粒子が動ける範囲は

$$0\leq x\leq L,\quad 0\leq y\leq L,\quad 0\leq z\leq L$$

であり、この領域では、ミクロ粒子は自由に動くことができるので、ポテンシャルエネルギーは

$$V(x,y,z)=0$$

である。この箱の外に粒子は出ないので、この範囲外で、ポテンシャルエネルギ

ーVは∞と考えることもできる。

　また、相互作用のない3次元のミクロ粒子の**波動関数** (wave function) は

$$\psi(x, y, z) = \phi(x)\phi(y)\phi(z)$$

のように、3個の波動関数に変数分離することができる。これは、x方向の運動は、y方向やz方向の影響を受けないからである。

　そこで、x方向にのみ注目して解を求める。すると

$$-\frac{\hbar^2}{2m}\frac{\partial^2\phi(x)}{\partial x^2} = E_x\phi(x)$$

となる。ここで、x方向の運動エネルギーは運動量をp_xとすると

$$E_x = \frac{p_x^{\ 2}}{2m}$$

である。よって

$$\frac{\hbar^2}{2m}\frac{\partial^2\phi(x)}{\partial x^2} + \frac{p_x^{\ 2}}{2m}\phi(x) = 0 \qquad から \qquad \hbar^2\frac{\partial^2\phi(x)}{\partial x^2} + p_x^{\ 2}\phi(x) = 0$$

となる。

　この微分方程式は

$$\phi(x) = e^{\lambda x} = \exp(\lambda x)$$

という解を有することが知られている。表記の微分方程式に代入すると

$$\hbar^2\lambda^2\exp(\lambda x) + p_x^{\ 2}\exp(\lambda x) = 0$$

から、特性方程式は

$$\hbar^2\lambda^2 + p_x^{\ 2} = 0 \qquad となり \qquad \lambda = \pm i\frac{p_x}{\hbar}$$

と与えられる。よって、一般解は、A, Bを定数として

$$\phi(x) = A\exp\left(i\frac{p_x}{\hbar}x\right) + B\left(-i\frac{p_x}{\hbar}x\right)$$

となる。ここで、境界条件　$\phi(0) = 0$ から

$$\phi(0) = A + B = 0$$

より $B = -A$ となり

$$\phi(x) = A\exp\left(i\frac{p_x}{\hbar}x\right) - A\left(-i\frac{p_x}{\hbar}x\right)$$

オイラーの公式

$$\exp\left(\pm i\frac{p_x}{\hbar}x\right) = \cos\left(\frac{p_x}{\hbar}x\right) \pm i\sin\left(\frac{p_x}{\hbar}x\right)$$

から

$$\phi(x) = A\left\{\cos\left(\frac{p_x}{\hbar}x\right) + i\sin\left(\frac{p_x}{\hbar}x\right)\right\} - A\left\{\cos\left(\frac{p_x}{\hbar}x\right) - i\sin\left(\frac{p_x}{\hbar}x\right)\right\}$$

$$= 2Ai\sin\left(\frac{p_x}{\hbar}x\right)$$

となる。

つぎに、境界条件 $\phi(L) = 0$ から

$$\sin\left(\frac{p_x}{\hbar}L\right) = 0 \qquad より \qquad \frac{p_x}{\hbar}L = n_x\pi \qquad n_x = 0, 1, 2, \ldots$$

となる。よって、C を任意定数として

$$\phi(x) = C\sin\left(\frac{n_x\pi}{L}x\right) \qquad n_x = 0, 1, 2, \ldots$$

となる。

したがって、波動関数は図 A3-4 のような定在波となる。

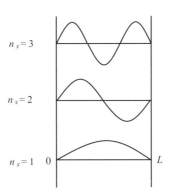

図 A3-4　箱の中に閉じ込められたミクロ粒子の波動関数

さらに、定数 C は、規格化条件

$$\int_{-\infty}^{+\infty} \left| \phi(x) \right|^2 dx = 1$$

から求められる。これは、波動関数の絶対値の 2 乗が、ミクロ粒子の存在確率に対応しており、全空間で積分すれば 1 になるということを意味している。この条件を適用すると

$$\int_{-\infty}^{+\infty} \left| \phi(x) \right|^2 dx = \int_{0}^{L} \left| C \sin\left(\frac{n_x \pi}{L} x\right) \right|^2 dx = 1$$

となる。ここで、被積分関数は、倍角の公式を使って

$$\left| C \sin\left(\frac{n_x \pi}{L} x\right) \right|^2 = C^2 \sin^2\left(\frac{n_x \pi}{L} x\right) = C^2 \left\{ 1 - \cos^2\left(\frac{n_x \pi}{L} x\right) \right\}$$

$$= \frac{C^2}{2} \left\{ 1 - \cos\left(\frac{2n_x \pi}{L} x\right) \right\}$$

と変形できるので、規格化条件は

$$\int_{0}^{L} \left| C \sin\left(\frac{n_x \pi}{L} x\right) \right|^2 dx = \left[\frac{C^2}{2} \left\{ x - \frac{L}{2n_x \pi} \sin\left(\frac{2n_x \pi}{L} x\right) \right\} \right]_{0}^{L} = \frac{LC^2}{2} = 1$$

よって、定数項 C は

$$C = \pm \sqrt{\frac{2}{L}}$$

となり、規格化された波動関数は

$$\phi(x) = \pm \sqrt{\frac{2}{L}} \sin\left(\frac{n_x \pi}{L} x\right)$$

と与えられる。

　ここで、状態数を求めるうえで重要な情報は、一辺の長さが L の立方体の箱に閉じ込められたミクロ粒子の運動量は

$$\frac{p_x}{\hbar} L = n_x \pi \qquad n_x = 0, 1, 2, \ldots$$

から

$$p_x = \frac{n_x \hbar \pi}{L} = \frac{n_x (h / 2\pi) \pi}{L} = \frac{n_x h}{2L} \qquad n_x = 1, 2, \ldots$$

のように量子化されるという事実である。ここで 0 を除外したのは、気体分子が

静止した状態を考えていないからである。

このとき、エネルギー E も量子化されて

$$E_x = \frac{p_x^2}{2m} = n_x^2 \frac{h^2}{8mL^2} \qquad n_x = 1, 2, \ldots$$

となる。

同様の結果は、y および z 方向の運動量にも適用でき

$$p_x = \frac{n_x h}{2L} \qquad p_y = \frac{n_y h}{2L} \qquad p_z = \frac{n_z h}{2L}$$

となる。それぞれ n_x, n_y, n_z は 0 を含まない整数である。

そして、エネルギーは

$$E = \frac{p_x^2 + p_y^2 + p_z^2}{2m} = (n_x^2 + n_y^2 + n_z^2)\frac{h^2}{8mL^2}$$

となる。

このように、量子力学によると、運動量もエネルギーも離散的に飛び飛びの値をとる。そして、運動量に関しては、その間隔は、ひとつの方向では

$$a = \frac{h}{2L}$$

となる。すると、運動量空間において、運動量の最小単位が占めることのできる大きさは

$$a^3 = \frac{h^3}{8L^3}$$

ということになる。

ところで、x 方向で見ると、p_x と $-p_x$ は同じエネルギーを与える。つまり、運動量空間において、ひとつの方向でエネルギーの最小単位を与える大きさは、正負の 2 倍となり

$$\Delta p = \frac{h}{L}$$

となる。したがって、3 次元空間において、エネルギーの最小単位に対応した運動量空間の大きさは

$$(\Delta p)^3 = \frac{h^3}{L^3}$$

ということになる。

ところで、L は任意の大きさであり、一般には、ミクロ粒子の動ける大きさの Δx に対応すると考えられる。したがって

$$\Delta p = \frac{h}{L} \qquad \rightarrow \qquad \Delta p = \frac{h}{\Delta x}$$

となり

$$\Delta p \Delta x = h$$

という関係が得られる。

　この式は、不確定性原理の式と相似である。つまり、量子力学では、ミクロ粒子の波動性のために、運動量と位置を同時に決めることはできずに、プランク定数程度の不確定性があると考えられている。したがって、最小のエネルギー単位の大きさもプランク定数の h 程度となることを示しているのである。

補遺 3-3　ガンマ関数とベータ関数

A3. 1.　ガンマ関数

ガンマ関数 (Γ function) はつぎの積分によって定義される特殊関数である。

$$\Gamma(x) = \int_0^\infty t^{x-1} e^{-t}\, dt \quad (x \geq 0)$$

この関数は**階乗** (factorial) と同じ働きをするので、物理数学において階乗の近似を行うときなどに利用される。その特徴をまず調べてみよう。**部分積分** (integration by parts) を利用すると

$$\Gamma(x+1) = \int_0^\infty t^x e^{-t}\, dt = \left[-t^x e^{-t} \right]_0^\infty + x \int_0^\infty t^{x-1} e^{-t}\, dt$$

と変形できる。ここで右辺の第 1 項において、x が負であると、この積分の下端で $t \to 0$ で、$t^x \to \infty$ と発散してしまうので値が得られない。このため、この積分を使ったガンマ関数の定義域は正の領域 $x \geq 0$ となる。すると

$$\Gamma(x+1) = \int_0^\infty t^x e^{-t}\, dt = \left[-t^x e^{-t} \right]_0^\infty + x \int_0^\infty t^{x-1} e^{-t}\, dt = x \int_0^\infty t^{x-1} e^{-t}\, dt$$

と変形できる。ここで、最後の式の積分を見ると、これはまさに$\Gamma(x)$である。よって

$$\Gamma(x+1) = x\Gamma(x)$$

という**漸化式** (recursion relation) を満足することがわかる。ここで、ガンマ関数の定義式において $x=1$ を代入してみよう。すると

$$\Gamma(1) = \int_0^\infty e^{-t}\, dt = \left[-e^{-t} \right]_0^\infty = 1$$

と計算できる。この値がわかれば、漸化式を使うと

$$\Gamma(2) = 1\Gamma(1) = 1$$

のように $\Gamma(2)$ を計算することができる。同様にして漸化式を利用すると

$$\Gamma(3) = 2\Gamma(2) = 2 \cdot 1 = 2 \qquad \Gamma(4) = 3\Gamma(3) = 3 \cdot 2 \cdot 1 = 6$$

と順次計算でき

$$\Gamma(n+1) = n \cdot (n-1) \cdots 3 \cdot 2 \cdot 1 = n!$$

のように、階乗に対応していることがわかる。このため、ガンマ関数のことを**階乗関数** (factorial function) とも呼ぶ。ここで、$n = 0$ を代入すると

$$\Gamma(1) = 0!$$

となる。先ほど定義式から求めたように $\Gamma(1) = 1$ であったから $0! = 1$ となることがわかる。

　ガンマ関数は、整数だけではなく、実数にも拡張することができる。たとえば

$$\Gamma\left(\frac{1}{2}\right) = \int_0^\infty t^{1/2} e^{-t}\, dt$$

のように、整数でない場合のガンマ関数が、この積分で定義できる。この積分は $t = u^2$ とおくと $dt = 2u\,du$ であるから

$$\Gamma\left(\frac{1}{2}\right) = 2\int_0^\infty \exp(-u^2)\, du$$

と変形できるが、この積分は**ガウス積分**であり

$$\int_0^\infty \exp(-u^2)\, du = \frac{\sqrt{\pi}}{2}$$

と計算できる。よって

$$\Gamma\left(\frac{1}{2}\right) = \sqrt{\pi}$$

と値が得られる。いったん、この値が計算できれば漸化式を利用することで

$$\Gamma\left(\frac{3}{2}\right) = \Gamma\left(\frac{1}{2}+1\right) = \frac{1}{2}\Gamma\left(\frac{1}{2}\right) = \frac{\sqrt{\pi}}{2}$$

のように $\Gamma(3/2)$ の値が簡単に計算できる。よって、正の実数に対するガンマ関数の値は $0 < x < 1$ の範囲の値がわかれば、漸化式によってすべて計算できることになる。たとえば

$$\Gamma\left(\frac{5}{2}\right) = \Gamma\left(\frac{3}{2}+1\right) = \frac{3}{2}\Gamma\left(\frac{3}{2}\right) = \frac{3}{2}\frac{\sqrt{\pi}}{2} = \frac{3\sqrt{\pi}}{4}$$

となる。

　このようにガンマ関数には漸化式の性質があるので、計算せずに積分の解が得

第 3 章　理想気体

られるという大きな実用上の利点がある。

A3. 2.　ベータ関数

ベータ関数 (β function) は

$$B(m,n) = \int_0^1 t^{m-1}(1-t)^{n-1}\, dt \qquad (m>0,\; n>0)$$

と与えられる。この定義から、ただちに

$$B(1,1) = \int_0^1 1\, dt = 1 \qquad B(2,1) = \int_0^1 t\, dt = \left[\frac{t^2}{2}\right]_0^1 = \frac{1}{2}$$

などの値が得られる。

　一方、ガンマ関数の定義は

$$\Gamma(m) = \int_0^\infty t^{m-1} e^{-t} dt \qquad (m>0)$$

であり、ベータ関数とガンマ関数には

$$B(m,n) = \frac{\Gamma(m)\,\Gamma(n)}{\Gamma(m+n)}$$

という関係がある。ガンマ関数の値は簡単に計算できるので、ベータ関数も計算が可能となる。ベータ関数の積分

$$B(m,n) = \int_0^1 t^{m-1}(1-t)^{n-1}\, dt$$

において、$t = \cos^2\theta$ と変数変換すると、積分範囲は $0 \leq t \leq 1$ であるから $\pi/2 \leq \theta \leq 0$ となる。また

$$1 - t = 1 - \cos^2\theta = \sin^2\theta$$

である。さらに

$$dt = -2\cos\theta \sin\theta\, d\theta$$

であるから

$$B(m,n) = \int_{\pi/2}^0 \cos^{2(m-1)}\theta \, \sin^{2(n-1)}\theta \; (-2\cos\theta\sin\theta d\theta)$$

$$= 2\int_0^{\pi/2} \cos^{2m-1}\theta \, \sin^{2n-1}\theta \; d\theta$$

と与えられる。

これが、ベータ関数の三角関数による定義である。この関係から

$$B\left(\frac{1}{2},\frac{1}{2}\right)=2\int_0^{\pi/2}1\ d\theta=2\bigl[\theta\ \bigr]_0^{\pi/2}=\pi$$

となることもわかる。

それでは、ガンマ関数との関係を見ていく。ガンマ関数を

$$\Gamma(m)=\int_0^\infty t^{m-1}e^{-t}dt\qquad\qquad\Gamma(n)=\int_0^\infty u^{n-1}e^{-u}du$$

と置いて、積をとると

$$\Gamma(m)\Gamma(n)=\int_0^\infty t^{m-1}e^{-t}dt\int_0^\infty u^{n-1}e^{-u}du$$

と与えられる。

$\Gamma(m)=\int_0^\infty t^{m-1}e^{-t}dt$ に対して $t=x^2$ という変数変換を施すと $dt=2xdx$ であるので

$$\Gamma(m)=\int_0^\infty x^{2m-2}\exp(-x^2)(2xdx)=2\int_0^\infty x^{2m-1}\exp(-x^2)dx$$

となる。同様に、$u=y^2$ と置くと

$$\Gamma(n)=2\int_0^\infty y^{2n-1}\exp(-y^2)dy$$

となる。よって

$$\Gamma(m)\Gamma(n)=4\int_0^\infty x^{2m-1}\exp(-x^2)\ dx\int_0^\infty y^{2n-1}\exp(-y^2)\ dy$$

から、まとめると

$$\Gamma(m)\Gamma(n)=4\int_0^\infty\int_0^\infty x^{2m-1}y^{2n-1}\exp\{-(x^2+y^2)\}dxdy$$

となる。ここで、極座標に変換する。

$$x=r\cos\phi\qquad\qquad y=r\sin\phi$$

と置くと、積分範囲は

$$0\leq x\leq\infty\ ,\ 0\leq y\leq\infty\quad\rightarrow\quad 0\leq r\leq\infty\ ,\ 0\leq\phi\leq\pi/2$$

さらに

$$dx\,dy \to r\,dr\,d\phi$$

となるので

$$\Gamma(m)\Gamma(n) = 4\int_0^{\pi/2}\int_0^\infty (r\cos\phi)^{2m-1}(r\sin\phi)^{2n-1}\exp(-r^2)\,r\,dr\,d\phi$$

のように変換できる。ここで r と ϕ の積分に分けると

$$\Gamma(m)\,\Gamma(n) = 2\int_0^\infty r^{2(m+n)-1}\exp(-r^2)\,dr \cdot 2\int_0^{\pi/2}(\cos\phi)^{2m-1}(\sin\phi)^{2n-1}\,d\phi$$

となる。ここで

$$2\int_0^\infty r^{2(m+n)-1}\exp(-r^2)\,dr = \Gamma(m+n)$$

$$2\int_0^{\pi/2}(\cos\phi)^{2m-1}(\sin\phi)^{2n-1}\,d\phi = B(m,n)$$

であるから

$$\Gamma(m)\,\Gamma(n) = B(m,n)\Gamma(m+n)$$

という関係が得られる。

　したがって、ベータ関数は、つぎのようなガンマ関数の比として与えられ

$$B(m,n) = \frac{\Gamma(m)\,\Gamma(n)}{\Gamma(m+n)}$$

となる。

補遺 3-4　n 次元球の体積

半径が r の円 $x^2 + y^2 = r^2$ の面積は πr^2 である。つぎに、半径が r の球 $x^2 + y^2 + z^2 = r^2$ の体積は $(4/3)\pi r^3$ となる。それでは

$$x^2 + y^2 + z^2 + w^2 = r^2$$

のように 4 次元空間の球の体積を求めるにはどうすればよいであろうか。

もちろん、このような球を頭で思い浮かべることはできないが、体積らしきものを求めることは可能である。

今後は、一般化のために

$$x_1{}^2 + x_2{}^2 + x_3{}^2 + x_4{}^2 = r^2$$

という表記を使う。

ここで、$x_1{}^2 + x_2{}^2 + x_3{}^2 = r^2$ の体積を $x_1{}^2 + x_2{}^2 = r^2$ を足がかりに求める方法を考えてみる。

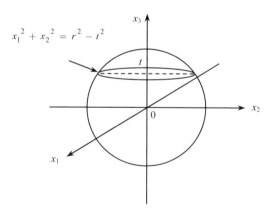

図 A3-5　3 次元球の $x_3 = t$ における切断面は円である。

図 A3-5 に示すように、$x_1{}^2 + x_2{}^2 + x_3{}^2 = r^2$ において、$x_3 = t$ の切断面は

$$x_1{}^2 + x_2{}^2 = r^2 - t^2$$

という式で表される半径が

$$\sqrt{r^2 - t^2}$$

の円となる。その面積 S は $S = \pi(r^2 - t^2)$ である。

　これを足がかりに、球　$x_1{}^2 + x_2{}^2 + x_3{}^2 = r^2$　の体積を求めるには

$$V = \int_{-r}^{r} S\, dt = \int_{-r}^{r} \pi(r^2 - t^2)\, dt$$

という積分を求めればよい。これを計算すると

$$V_3 = \int_{-r}^{r} \pi(r^2 - t^2)\, dt = 2\int_{0}^{r} \pi(r^2 - t^2)\, dt = 2\left[\pi\left(r^2 t - \frac{1}{3}t^3\right)\right]_0^r = \frac{4}{3}\pi r^3$$

となって、確かに球の体積が得られる。

　それでは、同様の原理で

$$x_1{}^2 + x_2{}^2 + x_3{}^2 + x_4{}^2 = r^2$$

の体積を求めてみよう。まず、$x_4 = t$ において切断すると

$$x_1{}^2 + x_2{}^2 + x_3{}^2 = r^2 - t^2$$

という球となる。この体積は

$$V_3(r = \sqrt{r^2 - t^2}) = \frac{4\pi}{3}(r^2 - t^2)^{\frac{3}{2}}$$

となるので、2 次元から 3 次元への拡張と同様の手法を用いると、4 次元球の体積 V_4 は

$$V_4 = \int_{-r}^{r} V_3(r = \sqrt{r^2 - t^2})\, dt = \int_{-r}^{r} \frac{4}{3}\pi(r^2 - t^2)^{\frac{3}{2}}\, dt = \frac{8}{3}\int_{0}^{r} \pi(r^2 - t^2)^{\frac{3}{2}}\, dt$$

という積分で与えられることになる。

　ここで　$t = r\sin\theta$　と置くと　$dt = r\cos\theta\, d\theta$　から

$$V_4 = \frac{8}{3}\pi r^4 \int_{0}^{\pi/2} \cos^4\theta\, d\theta = \frac{8}{3}\pi r^4 \frac{1\cdot 3}{2\cdot 4}\cdot\frac{\pi}{2} = \frac{\pi^2}{2}r^4$$

となる。

　同様の手法を使えば、高次元の球の体積が順次求められることになる。たとえば、5 次元の球の体積は

$$V_5 = \int_{-r}^{r} V_4\left(r = \sqrt{r^2 - t^2}\right) dt = \int_{-r}^{r} \frac{1}{2}\pi^2 (r^2 - t^2)^2 \, dt = \int_{0}^{r} \pi^2 (r^2 - t^2)^2 \, dt$$

となり、$t = r\sin\theta$ と置くと

$$V_5 = \pi^2 r^5 \int_{0}^{\pi/2} \cos^5 \theta \, d\theta = \pi^2 r^5 \frac{2\cdot 4}{1\cdot 3\cdot 5} = \frac{8}{15}\pi^2 r^5$$

同様にして、6 次元球の体積は

$$V_6 = \int_{-r}^{r} V_5\left(r = \sqrt{r^2 - t^2}\right) dt = \int_{-r}^{r} \frac{8}{15}\pi^2 (r^2 - t^2)^{\frac{5}{2}} \, dt = \frac{16}{15}\pi^2 \int_{0}^{r} (r^2 - t^2)^{\frac{5}{2}} \, dt$$

$t = r\sin\theta$ と置くと

$$V_6 = \frac{16}{15}\pi^2 r^6 \int_{0}^{\pi/2} \cos^6 \theta \, d\theta = \frac{16}{15}\pi^2 r^6 \frac{1\cdot 3\cdot 5}{2\cdot 4\cdot 6}\cdot\frac{\pi}{2} = \frac{\pi^3}{6} r^6$$

ついでに 7 次元球の体積を求めると

$$V_7 = \int_{-r}^{r} V_6\left(r = \sqrt{r^2 - t^2}\right) dt = \int_{-r}^{r} \frac{\pi^3}{6} (r^2 - t^2)^3 \, dt = \frac{\pi^3}{3} \int_{0}^{r} (r^2 - t^2)^3 \, dt$$

$t = r\sin\theta$ と置くと

$$V_7 = \frac{\pi^3}{3} r^7 \int_{0}^{\pi/2} \cos^7 \theta \, d\theta = \frac{\pi^3}{3} r^7 \frac{2\cdot 4\cdot 6}{1\cdot 3\cdot 5\cdot 7} = \frac{16}{105}\pi^3 r^7$$

となる。

　線分 $2r$ の長さを 1 次元球の体積、円の面積を 2 次元球の体積とみなすと、1 次元から 8 次元球の体積は

$$2r,\ \ \pi r^2,\ \ \frac{4}{3}\pi r^3\ ,\ \ \frac{\pi^2}{2} r^4\ ,\ \ \frac{8}{15}\pi^2 r^5\ ,\ \ \frac{\pi^3}{6} r^6\ ,\ \ \frac{16}{105}\pi^3 r^7\ ,\ \ \frac{\pi^4}{24} r^8$$

と与えられことになる。

　以上の結果を見ると、規則性のあることがわかる。それが見つかれば、一般式が得られるはずである。それを探ってみよう。

　まず、n 次元球の体積 V_n は、$n-1$ 次元の球の体積 V_{n-1} を利用すると

$$V_n = \int_{-r}^{r} V_{n-1}\left(r = \sqrt{r^2 - t^2}\right) dt = 2V_{n-1}\int_{0}^{r} \left(\sqrt{r^2 - t^2}\right)^{n-1} dt = 2r V_{n-1}\int_{0}^{\pi/2} \cos^n \theta \, d\theta$$

と与えられる。

　$t = \sin^2\theta$ と置くと、積分範囲は 0 から 1 に変わる。また

$$dt = 2\sin\theta\cos\theta\, d\theta = 2t^{\frac{1}{2}}(1-t)^{\frac{1}{2}}\, d\theta$$

から

$$d\theta = \frac{1}{2}t^{-\frac{1}{2}}(1-t)^{-\frac{1}{2}}dt \quad\text{ならびに}\quad \cos^n\theta = (1-t)^{\frac{n}{2}}$$

となり

$$\int_0^{\pi/2}\cos^n\theta\, d\theta = \int_0^1 (1-t)^{\frac{n}{2}}\left\{\frac{1}{2}t^{-\frac{1}{2}}(1-t)^{-\frac{1}{2}}\right\}dt = \frac{1}{2}\int_0^1 (1-t)^{\frac{n-1}{2}}t^{-\frac{1}{2}}dt$$

となる。この積分は、補遺 3-3 で紹介したベータ関数であり、その公式

$$B(a,b) = \int_0^1 t^{a-1}(1-t)^{b-1}\, dt = \frac{\Gamma(a)\Gamma(b)}{\Gamma(a+b)}$$

から

$$\int_0^{\pi/2}\cos^n\theta\, d\theta = \frac{1}{2}\int_0^1 (1-t)^{\frac{n-1}{2}}t^{-\frac{1}{2}}dt = \frac{\Gamma\!\left(\dfrac{n+1}{2}\right)\Gamma\!\left(\dfrac{1}{2}\right)}{2\Gamma\!\left(\dfrac{n}{2}+1\right)} = \frac{\sqrt{\pi}}{2}\frac{\Gamma\!\left(\dfrac{n+1}{2}\right)}{\Gamma\!\left(\dfrac{n}{2}+1\right)}$$

となる。よって

$$V_n = \sqrt{\pi}\, r\, \frac{\Gamma\!\left(\dfrac{n+1}{2}\right)}{\Gamma\!\left(\dfrac{n}{2}+1\right)}V_{n-1}$$

という漸化式が得られる。すると

$$V_3 = \sqrt{\pi}\, r\, \frac{\Gamma(2)}{\Gamma\!\left(\dfrac{3}{2}+1\right)}V_2 = \frac{1}{\Gamma\!\left(\dfrac{5}{2}\right)}\pi^{\frac{3}{2}}r^3$$

つぎに漸化式を利用して V_3 から V_4 を求めると

$$V_4 = \sqrt{\pi}\, r\, \frac{\Gamma\!\left(\dfrac{5}{2}\right)}{\Gamma(3)}V_3 = \sqrt{\pi}\, r\, \frac{\Gamma\!\left(\dfrac{5}{2}\right)}{\Gamma(3)\,\Gamma\!\left(\dfrac{5}{2}\right)}\pi^{\frac{3}{2}}r^3 = \frac{1}{\Gamma(3)}\pi^2 r^4$$

となる。同様にして、V_5 は

$$V_5 = \sqrt{\pi}\, r\, \frac{\Gamma(3)}{\Gamma\left(\frac{7}{2}\right)} V_4 = \sqrt{\pi}\, r\, \frac{\Gamma(3)}{\Gamma\left(\frac{7}{2}\right)} \frac{1}{\Gamma(3)} \pi^2 r^4 = \frac{1}{\Gamma\left(\frac{7}{2}\right)} \pi^{\frac{5}{2}} r^5$$

以下、同様のステップを行えば V_6 は

$$V_6 = \sqrt{\pi}\, r\, \frac{\Gamma\left(\frac{7}{2}\right)}{\Gamma(4)} V_5 = \sqrt{\pi}\, r\, \frac{\Gamma\left(\frac{7}{2}\right)}{\Gamma(4)} \frac{1}{\Gamma\left(\frac{7}{2}\right)} \pi^{\frac{5}{2}} r^5 = \frac{1}{\Gamma(4)} \pi^3 r^6$$

となり、結果として

$$V_n = \frac{1}{\Gamma\left(\frac{n}{2}+1\right)} \pi^{\frac{n}{2}} r^n = \frac{1}{\frac{n}{2}\Gamma\left(\frac{n}{2}\right)} \pi^{\frac{n}{2}} r^n = \frac{2}{n\Gamma\left(\frac{n}{2}\right)} \pi^{\frac{n}{2}} r^n$$

という一般式が得られる。

第4章　カノニカル集団
統計力学で重用される分布

　ミクロカノニカル集団は、外界から熱的に遮断された容器のなかに閉じ込められた気体分子のエネルギー分布を取り扱うものであった。もちろん、この仮定で得られた結果は大変有用であり、実際に理想気体への応用についても紹介した。

　しかし、実際の系では、他の系と接触しており、エネルギーのやりとりをしている。そこで、エネルギーが移動できる 2 つの系の取り扱いを本章では紹介する。

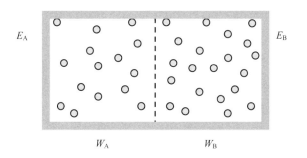

図 4-1　2 個の系 A と B があり、粒子のやりとりはないがエネルギーの移動は可能とする。また、結合系 A＋B は、外界から孤立している。よって、結合系 A＋B は、ミクロカノニカル集団となる。

4.1.　結合系のエントロピー

　エネルギー（熱）が移動するケースを考えるために、図 4-1 のように、エネルギーが E_A で、状態数が W_A からなる系 A と、エネルギーが E_B で、状態数 W_B からなる系 B を接触させた場合を考えてみる。この接触面では、熱が移動できるものとする。まず、接触前の、それぞれの系のエントロピーは

$$S_A = k_B \ln W_A \qquad\qquad S_B = k_B \ln W_B$$

となる。

　ここで、これら 2 つの系を合わせた結合系では、内部エネルギー E が一定であり、外界とのエネルギーのやりとりのないもの、すなわち孤立系としよう。つまり、系 A と系 B の間では、エネルギーのやりとりはあるが、ふたつの結合系は外界から孤立しているミクロカノニカル集団とみなすのである。

　すると

$$E = E_A + E_B$$

となり、この E は一定となる。

　つぎに結合系の状態数 W_{A+B} を考えてみよう。

　簡単な例として、A の状態数が 3 個で、B の状態数が 4 個としてみる。すると、A のひとつの状態に対して、B は 4 通りの状態が考えられるので、A と B の 2 つの系を統合した系の状態の総数は $3 \times 4 = 12$ 通りとなる。

　よって、A の状態数が W_A 個で、B の状態数が W_B 個の場合に、これら系を統合した系での状態数は

$$W_{A+B} = W_A W_B$$

となる。

演習 4-1　結合系のエントロピー S_{A+B} を S_A ならびに S_B で表現せよ。

　解）　いま求めた $W_{A+B} = W_A W_B$ を使えば

$$S_{A+B} = k_B \ln W_{A+B} = k_B \ln\left(W_A W_B\right) = k_B \ln W_A + k_B \ln W_B = S_A + S_B$$

となり、ふたつの系のエントロピーを足し合わせたものとなる。

　これは、すでに紹介したエントロピーの**示量性** (extensive property) に対応している。ところで、これら系を接触させると、熱の移動が生じるが、最後には、エントロピーは最大となるように変化するはずである。このとき

$$\frac{dS_{A+B}}{dE_A} = 0$$

が平衡状態の条件となる。ここで

$$\frac{dS_{A+B}}{dE_A} = \frac{dS_A}{dE_A} + \frac{dS_B}{dE_A}$$

となる。さらに、$E = E_A + E_B$ より

$$dE_A + dE_B = 0$$

から

$$dE_A = -dE_B$$

という関係にある。ふたつの系が接触してエネルギーのやり取りをしているが、片方のエネルギーが増えたら、それと同量のエネルギーが片方では減るという意味である。したがって、平衡状態では

$$\frac{dS_{A+B}}{dE_A} = \frac{dS_A}{dE_A} + \frac{dS_B}{dE_A} = \frac{dS_A}{dE_A} - \frac{dS_B}{dE_B} = 0$$

から

$$\frac{dS_A}{dE_A} = \frac{dS_B}{dE_B}$$

となる。エントロピーと温度の関係

$$\frac{dS}{dE} = \frac{1}{T}$$

を思い起こすと

$$\frac{dS_A}{dE_A} = \frac{1}{T_A} \qquad \frac{dS_B}{dE_B} = \frac{1}{T_B}$$

から

$$T_A = T_B$$

となり、平衡状態（結合系のエントロピーが最大となる状態）では、両者の温度が一致することになる。

　これは、常識的に考えても当たり前のことである。つまり、温度の異なる物体を接触させれば、高温側から低温側に熱が移動し、平衡状態では、両者の温度が同じになるからである。

4.2.　熱浴

系 A の内部エネルギーが E_r となる確率

$$P_r = P_A(E_r)$$

を考えてみよう。このとき、系 B の内部エネルギーは $E - E_r$ となるので

$$P_B(E - E_r)$$

となるが

$$P_r = P_A(E_r) = P_B(E - E_r)$$

という関係にある。

つぎに、系 B の内部エネルギーが $E - E_r$ となる場合の数を

$$W_B(E - E_r)$$

とすると、系 A の内部エネルギーが E_r となる確率は、この場合の数に比例すると考えられる。したがって

$$P_r = P_B(E - E_r) \propto W_B(E - E_r)$$

となるはずである。ここで

$$S_B = k_B \ln W_B$$

という関係から、W_B は

$$W_B = e^{\frac{S_B}{k_B}} = \exp\left(\frac{S_B}{k_B}\right)$$

と与えられ

$$P_r \propto W_B(E - E_r) = \exp\left(\frac{S_B(E - E_r)}{k_B}\right)$$

となる。

よって、$S_B(E - E_r)$ が計算できれば P_r が求められる。そのため、ここでは、$E \gg E_r$ という場合を想定しよう。これは、どういうケースかというと、注目している系 A が、それよりも、はるかにエネルギー容量が大きい**熱浴** (heat bath) と呼ばれる系 B と接触している場合である。

熱浴とは、系 A との接触によってエネルギーすなわち温度がほとんど変化しないという存在である。たとえば、大気中に熱した缶コーヒーを放置した場合を考えてみよう。やがて、缶コーヒーの温度は冷めて、大気と同じ温度となるが、それによって、大気の温度、すなわち、気温が変化するわけではない。

このような場合、大気は熱浴とみなすことができるのである。これではスケールが大きすぎるのであれば、水の入ったプールを考えてもよい。ここに、熱した缶コーヒーをプールに浸しても、その水温は変化しないが、缶コーヒーの温度は、やがて、プールの水と同じ温度となる。この場合は、プールを熱浴とみなすこと

ができる。

　ところで、これがたらいの水であったらどうだろうか。少しではあるが、水の温度は変化するであろう。よって、この場合は、熱浴とはみなせないということになる。

演習 4-2　微分の定義

$$\frac{S_{\mathrm{B}}(E) - S_{\mathrm{B}}(E - E_r)}{E_r} = \frac{dS_{\mathrm{B}}(E)}{dE}$$

を利用して、$P_r \propto \exp\left(-\dfrac{E_r}{k_{\mathrm{B}}T_{\mathrm{B}}}\right)$ を導出せよ。

　解）　微分の定義式を変形すると

$$S_{\mathrm{B}}(E - E_r) = S_{\mathrm{B}}(E) - \frac{dS_{\mathrm{B}}(E)}{dE}E_r$$

となる。ここで

$$P_r \propto \exp\left(\frac{S_{\mathrm{B}}(E - E_r)}{k_{\mathrm{B}}}\right)$$

であったから

$$P_r \propto \exp\left(\frac{S_{\mathrm{B}}(E)}{k_{\mathrm{B}}} - \frac{dS_{\mathrm{B}}(E)}{dE}\frac{E_r}{k_{\mathrm{B}}}\right)$$

となる。ここで、温度の定義

$$\frac{dS_{\mathrm{B}}(E)}{dE} = \frac{1}{T_{\mathrm{B}}}$$

から

$$P_r \propto \exp\left(\frac{S_{\mathrm{B}}(E)}{k_{\mathrm{B}}}\right)\exp\left(-\frac{E_r}{k_{\mathrm{B}}T_{\mathrm{B}}}\right) = W_{\mathrm{B}}(E)\exp\left(-\frac{E_r}{k_{\mathrm{B}}T_{\mathrm{B}}}\right)$$

となる。結局

$$P_r \propto \exp\left(-\frac{E_r}{k_{\mathrm{B}}T_{\mathrm{B}}}\right)$$

という結果が得られる。

つまり、温度 T_B の熱浴に接している系が E_r というエネルギー状態をとる確率は、ボルツマン因子に比例するのである。実は、この結果こそがもっとも重要なのである。また、T_B は、対象とする系の温度 T としてよい。

　そして、このような確率に従う分布を**カノニカル分布** (canonical distribution) と呼んでいる。**正準分布**と呼ぶこともある。また、各エネルギーをとる確率がカノニカル分布で表される粒子の集団のことを**カノニカル集団** (canonical ensemble) あるいは**正準集団**と呼んでいる。

4. 3.　ミクロカノニカル集団との違い

　それでは、ミクロカノニカル分布とカノニカル分布の違いを整理してみよう。具体例でみたほうがわかりやすいので、エネルギーが $\varepsilon_1 = u$ と $\varepsilon_2 = 2u$ の 2 準位で粒子が 3 個の系を考えよう。

　ここで、E_r というのは、3 個の粒子からなる系の総エネルギーのことである。すると、この系のエネルギーが最も低いのは、$E_r = E_3 = 3u$ の場合であり、図 4-2 の配置となる。3 個の粒子が A, B, C と区別できるとしても、その微視的状態は、この 1 個しかない。

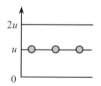

図 4-2　3 粒子からなる系の総エネルギーが $E_r = E_3 = 3u$ の場合

　つぎは、3 個の粒子のうち、1 個が $\varepsilon_2 = 2u$ を占める場合で、系のエネルギーは $E_r = E_4 = 4u$ となる。この場合、図 4-3 に示すように、3 個の微視的状態が存在し、3 重に縮退している。このとき、等重率の原理から、これら微視的状態の出現確率は等価となる。

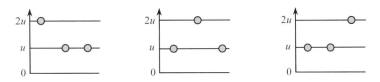

図 4-3　$E_r = E_4 = 4u$ となる場合のミクロ粒子の状態。粒子は、A, B, C と区別できるものとしている。

つぎは、3 個の粒子のうち、2 個が $\varepsilon_2 = 2u$ を占める場合で、系のエネルギーは $E_r = E_5 = 5u$ となる。この場合も、図 4-4 に示すように、3 個の微視的状態があり、3 重に縮退している。また、等重率の原理から、出現確率も等しい。

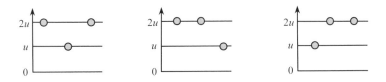

図 4-4　$E_r = E_5 = 5u$ となる場合のミクロ粒子の状態。粒子は、A, B, C と区別できるものとしている。

最後は、$E_r = E_6 = 6u$ となる場合であり、微視的状態は図 4-5 のような 1 個だけとなる。

図 4-5　3 個の系の総エネルギーが $E_r = E_6 = 6u$ となる場合の状態

ミクロカノニカル分布では、系の総エネルギーが指定されるので自由度がない。たとえば、$E_r = 4u$ と指定すると、ミクロ状態は図 4-3 に示した 3 個の状態に決まってしまう。

　一方、カノニカル分布では、系として、図 4-2 から図 4-5 に示した状態をすべて取りうることを意味している。そして、これら系のエネルギーE_rの出現確率が

$$P_r \propto \exp\left(-\frac{E_r}{k_B T}\right)$$

と与えられるということを意味しているのである。このとき、Tは、この系の温度となる。

演習 4-3　エネルギーが $\varepsilon_1 = u$ と $\varepsilon_2 = 2u$ の 2 準位で、粒子数が 3 個の系において、温度 T のとき、系がエネルギーE_rを占める確率が

$$P_r = A \exp\left(-\frac{E_r}{k_B T}\right)$$

と与えられるとして定数 A の値を求めよ。ただし粒子は区別できるものとする。

解）　系の総エネルギーE_rとしては、$E_3 = 3u$, $E_4 = 4u$, $E_5 = 5u$, $E_6 = 6u$ の 4 種類であるが、微視的状態としては 8 個あり、それぞれの出現確率 P_r の和は

$$P_3 + P_4 + P_4 + P_4 + P_5 + P_5 + P_5 + P_6 = 1$$

となる。

ただし E_4 と E_5 は 3 重に縮退しているので

$$P_3 + 3P_4 + 3P_5 + P_6 = 1$$

と表記することもできる。よって

$$A\left\{\exp\left(-\frac{E_3}{k_B T}\right) + 3\exp\left(-\frac{E_4}{k_B T}\right) + 3\exp\left(-\frac{E_5}{k_B T}\right) + \exp\left(-\frac{E_6}{k_B T}\right)\right\} = 1$$

となるので

$$Z = \exp\left(-\frac{E_3}{k_B T}\right) + 3\exp\left(-\frac{E_4}{k_B T}\right) + 3\exp\left(-\frac{E_5}{k_B T}\right) + \exp\left(-\frac{E_6}{k_B T}\right)$$

と置くと、定数 A は

$$A = \frac{1}{Z}$$

と与えられる。

このZを**分配関数** (partition function) と呼んでいる。分配関数を使えば

$$P_r = \frac{1}{Z}\exp\left(-\frac{E_r}{k_\mathrm{B}T}\right)$$

と与えられる。

　u を使えば、エネルギーが 2 準位で 3 粒子の系の分配関数は

$$Z = \exp\left(-\frac{3u}{k_\mathrm{B}T}\right) + 3\exp\left(-\frac{4u}{k_\mathrm{B}T}\right) + 3\exp\left(-\frac{5u}{k_\mathrm{B}T}\right) + \exp\left(-\frac{6u}{k_\mathrm{B}T}\right)$$

となる。

　いまは 3 粒子の系を考えているが、1 個の粒子の場合はどうなるであろうか。E_r としては、図 4-6 に示すように、$E_1 = u$ と $E_2 = 2u$ の 2 個の状態が考えられる。

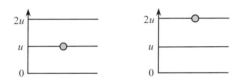

図 4-6　1 粒子からなる系の総エネルギーは、$E_r = E_1 = u$ と $E_r = E_2 = 2u$ の 2 個となる。

　エネルギー状態 E_r が E_1, E_2 の 2 個となるので

$$z_1 = \exp\left(-\frac{E_1}{k_\mathrm{B}T}\right) + \exp\left(-\frac{E_2}{k_\mathrm{B}T}\right) = \exp\left(-\frac{u}{k_\mathrm{B}T}\right) + \exp\left(-\frac{2u}{k_\mathrm{B}T}\right)$$

が 1 粒子の分配関数となる。

演習 4-4　エネルギーが $\varepsilon_1 = u$ と $\varepsilon_2 = 2u$ の 2 準位で、粒子数が 2 個の系の分配関数を求めよ。ただし粒子は区別できるものとする。

　解)　エネルギー状態を考えると、図 4-7 に示す 4 個の微視的状態がある。

　まず、2 個の粒子が $\varepsilon_1 = u$ を占める $E_r = E_2 = 2u$ の場合がある。これが最低エネルギー状態である。つぎに、2 個の粒子が $\varepsilon_2 = 2u$ を占める $E_r = E_4 = 4u$ の場合は、最高エネルギー状態である。

　さらに、2 個の粒子が、それぞれ $\varepsilon_1 = u$ と $\varepsilon_2 = 2u$ の準位を占める場合では、$E_r = E_3 = 3u$ となる。粒子が A, B と区別できると考えているので、この状態は 2 個あり、2 重に縮退している。

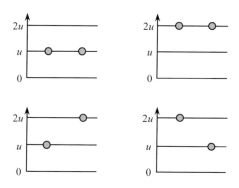

図 4-7　2 個の粒子からなる系の微視的状態

したがって、2 個の粒子からなる系の分配関数は、系の温度を T とすると

$$z_2 = \exp\left(-\frac{E_2}{k_{\mathrm{B}}T}\right) + 2\exp\left(-\frac{E_3}{k_{\mathrm{B}}T}\right) + \exp\left(-\frac{E_4}{k_{\mathrm{B}}T}\right)$$

$$= \exp\left(-\frac{2u}{k_{\mathrm{B}}T}\right) + 2\exp\left(-\frac{3u}{k_{\mathrm{B}}T}\right) + \exp\left(-\frac{4u}{k_{\mathrm{B}}T}\right)$$

と与えられる。

ここで、1 粒子分配関数

$$z_1 = \exp\left(-\frac{u}{k_{\mathrm{B}}T}\right) + \exp\left(-\frac{2u}{k_{\mathrm{B}}T}\right)$$

を 2 乗してみよう。すると

$$z_1{}^2 = \left\{\exp\left(-\frac{u}{k_{\mathrm{B}}T}\right) + \exp\left(-\frac{2u}{k_{\mathrm{B}}T}\right)\right\}^2$$

$$= \left\{\exp\left(-\frac{u}{k_{\mathrm{B}}T}\right)\right\}^2 + 2\exp\left(-\frac{u}{k_{\mathrm{B}}T}\right)\exp\left(-\frac{2u}{k_{\mathrm{B}}T}\right) + \left\{\exp\left(-\frac{2u}{k_{\mathrm{B}}T}\right)\right\}^2$$

$$= \exp\left(-\frac{2u}{k_{\mathrm{B}}T}\right) + 2\exp\left(-\frac{3u}{k_{\mathrm{B}}T}\right) + \exp\left(-\frac{4u}{k_{\mathrm{B}}T}\right)$$

となって、2 粒子系の分配関数となる。

演習 4-5　1 粒子分配関数の 3 乗が、3 粒子の系の分配関数と一致することを確かめよ。

　解）　2 粒子の場合と同様の計算をすると

$$z_1^{\,3} = \left\{ \exp\left(-\frac{u}{k_{\mathrm{B}}T}\right) + \exp\left(-\frac{2u}{k_{\mathrm{B}}T}\right) \right\}^3$$

$$= \exp\left(-\frac{3u}{k_{\mathrm{B}}T}\right) + 3\exp\left(-\frac{4u}{k_{\mathrm{B}}T}\right) + 3\exp\left(-\frac{5u}{k_{\mathrm{B}}T}\right) + \exp\left(-\frac{6u}{k_{\mathrm{B}}T}\right)$$

となって、3 個の系の分配関数となる。

　実は、この結果は偶然ではなく、一般にも成立する関係である。よって、1 粒子の分配関数 z_1 がわかれば、N 粒子系の分配関数 Z は

$$Z = z_1^{\,N}$$

と与えられることになる。

　ただし、これは各粒子が区別できる場合である。区別ができない場合には、$N!$ だけダブルカウントしている[12]ことになるので、前章の理想気体の取り扱いでも紹介したように

$$Z = \frac{z_1^{\,N}}{N!}$$

という修正が必要となる。

4.4.　分配関数

　実は、分配関数は統計力学において主役を演じる。それを確認してみよう。まず、一般化して、系のとりうるエネルギー状態を $E_1, E_2, ..., E_i, ..., E_n$ としてみよう。

---

[12] $N!$ は、区別することが可能な N 個の粒子を並べる場合の数である。

すると、分配関数は

$$Z = \exp\left(-\frac{E_1}{k_{\mathrm{B}}T}\right) + \exp\left(-\frac{E_2}{k_{\mathrm{B}}T}\right) + \ldots + \exp\left(-\frac{E_n}{k_{\mathrm{B}}T}\right) = \sum_{i=1}^{n} \exp\left(-\frac{E_i}{k_{\mathrm{B}}T}\right)$$

となる。

　ここでは、$E_2, E_3, \ldots$などのエネルギーが等しい場合、つまり、縮退している場合も含んだ表現となっている。分配関数の導出において重要なのは、可能なエネルギー状態を過不足なく、すべて取り入れることである。

　縮重がわかっていれば

$$Z = \sum_{j=1}^{m} W(E_j) \exp\left(-\frac{E_j}{k_{\mathrm{B}}T}\right)$$

と表記することもできる。

　$W(E_j)$ はエネルギーE_jに何個の微視的状態が縮退しているかの数である。

　ここで重要な点は、カノニカル集団では、温度 T は一定であるが、エネルギー E の大きさに制約はないということである。よって、エネルギーは $E_j \to \infty$ となっても構わない。これでは発散しそうに思われるが、問題はない。それは、**ボルツマン因子** (Boltzmann factor) と呼ばれている

$$\exp(-E/k_{\mathrm{B}}T)$$

の項の存在である。この項は図 4-8 に示すように、E の増加とともに、その値が急激に減少する。このため、分配関数 Z は発散せずに収束することになる。

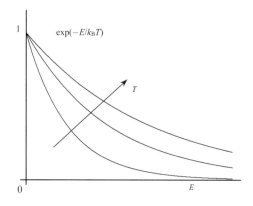

図 4-8　ボルツマン因子 ($\exp(-E/k_{\mathrm{B}}T)$) のエネルギーE依存性。エネルギーが大きくなると、存在確率は指数関数的に急激に減少していくことを示している。

取りうるエネルギーが∞となっても、分配関数が収束するということを簡単な例で確かめてみよう。

演習 4-6　カノニカル集団のエネルギーが $E_1 = E, E_2 = 2E, ..., E_n = nE, ... \infty$ と与えられるとき、系の分配関数を求めよ。

解）　分配関数は

$$Z = \exp\left(-\frac{E}{k_\mathrm{B}T}\right) + \exp\left(-\frac{2E}{k_\mathrm{B}T}\right) + \cdots + \exp\left(-\frac{nE}{k_\mathrm{B}T}\right) + \cdots = \sum_{n=1}^{\infty}\exp\left(-\frac{nE}{k_\mathrm{B}T}\right)$$

となる。

右辺は、初項が $\exp\left(-E/k_\mathrm{B}T\right)$ で公比が $\exp\left(-E/k_\mathrm{B}T\right)(<1)$ の無限等比級数の和であるから、分配関数は

$$Z = \frac{\exp\left(-E/k_\mathrm{B}T\right)}{1 - \exp\left(-E/k_\mathrm{B}T\right)}$$

となる。

それでは、これ以降は、分配関数の有用性について見ていこう。今後の展開では、適宜

$$\beta = \frac{1}{k_\mathrm{B}T}$$

と置く。β を**逆温度** (inverse temperature) と呼ぶことは、すでに紹介した。

すると、カノニカル分布における分配関数と確率は

$$Z = \sum_{r=1}^{n}\exp\left(-\beta E_r\right) \qquad P_r = \frac{1}{Z}\exp\left(-\beta E_r\right)$$

と与えられる。

まず、内部エネルギー U は

$$U = <E> = \sum_{r=1}^{n}P_r E_r$$

のように、エネルギー (E_r) にその存在確率 (P_r) を乗じて和をとったものであり、系の平均エネルギーあるいは期待値 $<E>$ に相当する。したがって

$$U = \sum_{r=1}^{n} E_r \left\{ \frac{1}{Z} \exp(-\beta E_r) \right\}$$

となる。

演習 4-7　分配関数 Z を β に関して微分し、内部エネルギーとの対応関係を調べよ。

解）　$Z = \sum_{r=1}^{n} \exp\left(-\beta E_r\right)$ であるから

$$\frac{dZ}{d\beta} = -\sum_{r=1}^{n} E_r \exp\left(-\beta E_r\right)$$

となる。ここで、内部エネルギー U は

$$U = \sum_{r=1}^{n} P_r E_r = \sum_{r=1}^{n} E_r \frac{1}{Z} \exp(-\beta E_r) = \frac{1}{Z} \sum_{r=1}^{n} E_r \exp(-\beta E_r)$$

と与えられるので

$$U = -\frac{1}{Z} \frac{dZ}{d\beta}$$

という関係が得られる。さらに

$$\frac{dZ}{Z} = d(\ln Z)$$

という関係を思い出すと

$$U = -\frac{d}{d\beta}(\ln Z)$$

という関係が得られる。

　ところで、内部エネルギーが、逆温度 β の関数のままでは不便と思われるかもしれない。その場合には、温度 T の関数に変換すればよいだけである。

　このとき

$$\beta = \frac{1}{k_{\mathrm{B}} T} \qquad から \qquad d\beta = -\frac{1}{k_{\mathrm{B}} T^2} dT$$

と変換すればよい。

演習 4-8　下記の関係を、温度 T で表現せよ。

$$U = -\frac{d}{d\beta}(\ln Z)$$

解）　$d\beta = -\frac{1}{k_{\mathrm{B}}T^2}dT$ であるから

$$U = -\frac{d}{d\beta}(\ln Z) = -\frac{dT}{d\beta}\frac{d}{dT}(\ln Z) = k_{\mathrm{B}}T^2\frac{d}{dT}(\ln Z)$$

となる。

よって

$$\frac{d}{dT}(\ln Z) = \frac{U}{k_{\mathrm{B}}T^2}$$

という関係が得られる。

　つまり、分配関数 Z の自然対数を温度 T で微分すれば、$U/k_{\mathrm{B}}T^2$ が得られることになる。この関係を、うまく利用すると、ヘルムホルツの自由エネルギーと分配関数の関係も得られる。

演習 4-9　ギブス・ヘルムホルツの式

$$\frac{d}{dT}\left(\frac{F}{T}\right) = -\frac{U}{T^2}$$

を利用して、ヘルムホルツの自由エネルギー F を分配関数 Z で示せ。

解）　分配関数の自然対数の温度微分である

$$\frac{d}{dT}(\ln Z) = \frac{U}{k_{\mathrm{B}}T^2}$$

と、ギブス・ヘルムホルツの式

$$\frac{d}{dT}\left(\frac{F}{T}\right) = -\frac{U}{T^2}$$

を比較すると

$$-k_\text{B}\frac{d}{dT}(\ln Z) = -\frac{U}{T^2}$$

から

$$\frac{F}{T} = -k_\text{B}\ln Z$$

という関係にあることがわかる。したがって、ヘルムホルツの自由エネルギー F は、分配関数 Z を使うと

$$F = -k_\text{B}T\ln Z$$

と与えられる。

　自由エネルギー F が、分配関数 Z の自然対数から、いとも簡単に与えられるのである。

演習 4-10　ヘルムホルツの自由エネルギー F と分配関数 Z の関係を利用して、エントロピー S を求める表式を導出せよ。

　解）　ヘルムホルツの自由エネルギーFは
$$F = U - TS$$
と与えられる。よってエントロピーは

$$S = \frac{U}{T} - \frac{F}{T}$$

となる。ここで $F = -k_\text{B}T\ln Z$ であったので

$$S = \frac{U}{T} + k_\text{B}\ln Z$$

となる。さらに

$$U = -\frac{d(\ln Z)}{d\beta}$$

という関係を使えば

$$S = -\frac{1}{T}\frac{d(\ln Z)}{d\beta} + k_B \ln Z = k_B\left(\ln Z - \frac{1}{k_B T}\frac{d(\ln Z)}{d\beta}\right)$$

となる。

　ここで、逆温度 β ではなく、温度 T の関数としたければ

$$\beta = \frac{1}{k_B T} \qquad から \qquad d\beta = -\frac{1}{k_B T^2}dT$$

と変換して

$$S = k_B\left(\ln Z + T\frac{d(\ln Z)}{dT}\right)$$

とすればよい。

演習 4-11　ヘルムホルツの自由エネルギー $F = -k_B T \ln Z$ を T に関して微分せよ。

　解）

$$\frac{dF}{dT} = -k_B \ln Z - k_B T\frac{d(\ln Z)}{dT} = -k_B\left(\ln Z + T\frac{d(\ln Z)}{dT}\right)$$

となる。

　いまの演習結果と先ほど求めたエントロピーS の表式を見ると

$$S = -\frac{dF}{dT}$$

という関係にあることがわかる。

　このように、カノニカル集団においては、系の分配関数を求めることができれば、数学的な操作によって、内部エネルギーや自由エネルギー、エントロピーなどの熱力学関数を得ることができるのである。これが分配関数が統計力学の主役と呼ばれる由縁である。

4.5.　分配関数は無次元

ここで、分配関数の重要な側面を確認しておきたい。それは、分配関数が**無次元量** (dimensionless quantity) という事実である。

分配関数は

$$Z = \exp\left(-\frac{E_1}{k_\mathrm{B}T}\right) + \exp\left(-\frac{E_2}{k_\mathrm{B}T}\right) + \ldots + \exp\left(-\frac{E_n}{k_\mathrm{B}T}\right) = \sum_{i=1}^{n} \exp\left(-\frac{E_i}{k_\mathrm{B}T}\right)$$

と与えられる。

まず、$\exp(x)$ のべき x の単位は無次元でなければならない。実際に、上記の $\exp(-E_i/k_\mathrm{B}T)$ におけるべきの $E_i/k_\mathrm{B}T$ では、分子の E_i はエネルギーで単位は [J] であるが、分母の $k_\mathrm{B}T$ は、k_B の単位が [J/K] であり、温度 T の単位が [K] であるので、単位はエネルギーの [J] となり、無次元となることがわかる。

実は、$\exp(x)$ は

$$e^x = \exp(x) = 1 + x + \frac{1}{2!}x^2 + \frac{1}{3!}x^3 + \ldots$$

と級数展開することができる。

もし、x の単位が長さの [m] とすると、3 項目の単位は [m²] のように面積、4 項目の単位は [m³] のように体積となって、明らかに矛盾するからである。指数のべきが無次元という事実は重要である。

したがって、$\exp(-E_i/k_\mathrm{B}T)$ も無次元となり、分配関数も無次元となるのである。この事実は、今後の展開で重要となるので覚えておいてほしい。

4.6.　積分形の分配関数

それでは、エネルギーが連続型である場合の分配関数を考えてみよう。エネルギーが連続である場合には、E_1 と E_2 の間においてもエネルギーは分布している。よって

$$Z = \exp\left(-\frac{E_1}{k_\mathrm{B}T}\right) + \exp\left(-\frac{E_1 + \Delta E}{k_\mathrm{B}T}\right) + \exp\left(-\frac{E_1 + 2\Delta E}{k_\mathrm{B}T}\right) + \ldots + \exp\left(-\frac{E_1 + n\Delta E}{k_\mathrm{B}T}\right)$$

として、$\Delta E \to 0$ かつ $n \to \infty$ の極限をとればよい。これは、まさに積分であり、エネルギーが連続している場合の分配関数は

$$Z = \int_0^\infty \exp\left(-\frac{E}{k_\mathrm{B}T}\right) dE$$

と与えられる。積分範囲は 0 から∞となる。

　ただし、このままでは問題がある。この被積分関数の $\exp(-E/k_\mathrm{B}T)$ は無次元であるから、E に関して積分すれば、その単位はエネルギーの単位となる。分配関数は無次元でなければならない。

　これに対処するには、第 3 章で導入したエネルギーの**状態密度** (density of states) を $D(E)$ として

$$Z = \int_0^\infty \exp\left(-\frac{E}{k_\mathrm{B}T}\right) D(E)dE$$

という補正をすればよい。

　第 3 章で紹介したように、エネルギーが 0 から E までの範囲にある状態数が $W_0(E)$ のとき、エネルギー状態密度は

$$D(E) = \frac{dW_0(E)}{dE}$$

となるのであった。あるいは

$$W_0(E) = \int_0^E D(E)dE$$

という関係にある。このとき、分配関数は

$$Z = \int_0^\infty \exp\left(-\frac{E}{k_\mathrm{B}T}\right) D(E)dE = \int_0^\infty \exp\left(-\frac{E}{k_\mathrm{B}T}\right) \frac{dW_0(E)}{dE}dE$$

$$= \int_0^\infty \exp\left(-\frac{E}{k_\mathrm{B}T}\right) dW_0(E)$$

となり、この積分結果は状態数を与える。つまり、無次元数となるのである。

　それでは、積分型の分配関数を実際の系に応用してみよう。ここでは、ミクロカノニカル集団で取り扱った単原子分子からなる理想気体の解析を行う。

4.7.　理想気体への応用

　第 3 章で紹介したように、状態数ということに着目すると、連続的な運動量空間では、気体分子が入りうる最小単位を考えることはできないが、量子力学の波

動性を導入すると、運動量空間に単位胞というものを考えることが可能になる。一辺が L の立方体の容器を考えると、それは

$$a^3 = \frac{h^3}{8L^3} = \frac{h^3}{(2L)^3}$$

と与えられる。

　ここで、運動量としての微小量に対応した

$$\Delta p_x \, \Delta p_y \, \Delta p_z$$

という微小体積を考えてみよう。

　この中に、どれくらいの状態が含まれているかの数は

$$\frac{\Delta p_x \, \Delta p_y \, \Delta p_z}{a^3} = \frac{(2L)^3}{h^3} \Delta p_x \, \Delta p_y \, \Delta p_z$$

ということになる。

　つまり、量子化条件を考えて、状態数をカウントする場合には

$$\sum \;\; \rightarrow \;\; \frac{(2L)^3}{h^3} \int_0^{+\infty} dp_x \int_0^{+\infty} dp_y \int_0^{+\infty} dp_z$$

となる。ただし、運動量は負の値もとることができるので

$$\sum \;\; \rightarrow \;\; \frac{L^3}{h^3} \int_{-\infty}^{+\infty} dp_x \int_{-\infty}^{+\infty} dp_y \int_{-\infty}^{+\infty} dp_z = \frac{L}{h} \int_{-\infty}^{+\infty} dp_x \frac{L}{h} \int_{-\infty}^{+\infty} dp_y \frac{L}{h} \int_{-\infty}^{+\infty} dp_z$$

という積分となる。

　つまり、x 方向で見れば

$$\sum \;\; \rightarrow \;\; \frac{L}{h} \int_{-\infty}^{+\infty} dp_x$$

となる。

　補遺 3-2 で示したように、L/h は、エネルギーの最小単位に対応した運動量空間の大きさ（1 辺の長さ）である。3 次元空間では、体積 $V = L^3$ に閉じ込められたミクロ粒子が有するエネルギー最小単位に対応した運動量空間の大きさは $L^3/h^3 = V/h^3$ となる。

　ところで、L は任意であり、本質的ではない。実は、上記積分は、解析力学における位相空間の積分と対応させて

$$\frac{L}{h} \int_{-\infty}^{+\infty} dp_x = \frac{1}{h} \int_{-\infty}^{+\infty} dp_x \int_0^L dx$$

と置くことができる。この場合、2 個めの積分で空間の大きさが指定されることになり、L は空間の大きさを示す変数となる。

あるいは、一般化して

$$\Sigma \;\rightarrow\; \frac{1}{h}\iint \exp\!\left(-\frac{E(p,x)}{k_{\mathrm B}T}\right)dp\,dx$$

と書くこともできる。

さらに、この操作によって、積分型の分配関数が無次元化されることも確認しておこう。この積分は変数 p と x が積分変数であり、このままでは $dpdx$ の単位は [Js] となっている。ここで、プランク定数 h の単位は [Js] であるので

$$\frac{1}{h}\iint dp\,dx = \iint \frac{dpdx}{h}$$

という操作で無次元化されるのである。

演習 4-12　質量が m のミクロ粒子が 1 次元空間の $0\le x\le L$ の範囲を運動しているときの分配関数を求めよ。

解）　$E_x=\dfrac{p_x^{\,2}}{2m}$ であるから、分配関数は

$$Z=\frac{L}{h}\int_{-\infty}^{\infty}\exp\!\left(-\frac{E_x}{k_{\mathrm B}T}\right)dp_x=\frac{L}{h}\int_{-\infty}^{\infty}\exp\!\left(-\frac{p_x^{\,2}}{2mk_{\mathrm B}T}\right)dp_x$$

となる。この積分はガウス積分であるので

$$\int_{-\infty}^{\infty}\exp\!\left(-ax^2\right)dx=\sqrt{\frac{\pi}{a}}$$

より

$$Z=\frac{L}{h}\sqrt{2\pi mk_{\mathrm B}T}$$

と与えられる。

ここで、上記の右辺が無次元であることを確認しておこう。それぞれの変数の単位は、L は [m]、h は [Js]、m は [kg]、$k_{\mathrm B}T$ は [J] である。よって、単位は

$$\frac{[\text{m}]}{[\text{Js}]}\left([\text{kg}][\text{J}]\right)^{1/2} = \frac{[\text{kg}]^{1/2}[\text{m}]}{[\text{J}]^{1/2}[\text{s}]}$$

となる。ここで、エネルギー [J] の単位は $[\text{kg}][\text{m}]^2[\text{s}]^{-2}$ であるから

$$\frac{[\text{kg}]^{1/2}[\text{m}]}{[\text{J}]^{1/2}[\text{s}]} = \frac{[\text{kg}]^{1/2}[\text{m}]}{[\text{kg}]^{1/2}[\text{m}][\text{s}]^{-1}[\text{s}]} = 1$$

となって、確かに無次元となっている。

　ここで、分配関数が得られたので、この粒子が有する平均エネルギーを求めてみよう。それは

$$<E> = -\frac{d\left(\ln Z\right)}{d\beta} = -\frac{1}{Z}\frac{dZ}{d\beta}$$

と与えられるのであった。

$$Z = \frac{L}{h}\sqrt{2\pi m k_\text{B}T} = \frac{L}{h}\sqrt{\frac{2\pi m}{\beta}} = \frac{L}{h}\sqrt{2\pi m}\,\beta^{-\frac{1}{2}}$$

から

$$\frac{dZ}{d\beta} = -\frac{L}{2h}\sqrt{2\pi m}\,\beta^{-\frac{3}{2}}$$

となる。よって

$$<E> = -\frac{1}{Z}\frac{dZ}{d\beta} = \frac{\beta^{-1}}{2} = \frac{1}{2}k_\text{B}T$$

となる。

　結局、ある空間に閉じ込められた自由粒子のエネルギーは、1 次元方向では $(1/2)k_\text{B}T$ となる。

演習 4-13　質量が m のミクロ粒子が 2 次元空間の $0 \le x \le L$ ，$0 \le y \le L$ の範囲を運動しているときの分配関数を求めよ。

　解)　　まず、分配関数 Z を求めてみよう。x 方向と y 方向の粒子の運動量を p_x および p_y すると、エネルギーは

$$E = \frac{p_x^{\,2} + p_y^{\,2}}{2m}$$

と与えられる。

したがって、分配関数 Z は

$$Z = \frac{L^2}{h^2} \int_{-\infty}^{\infty} \int_{-\infty}^{\infty} \exp\left(-\frac{p_x^2 + p_y^2}{2mk_BT}\right) dp_x dp_y$$

のような 2 重積分となる。

x, y 方向は互いに独立であるので、この 2 重積分は

$$Z = \frac{L}{h} \int_{-\infty}^{\infty} \exp\left(-\frac{p_x^2}{2mk_BT}\right) dp_x \, \frac{L}{h} \int_{-\infty}^{\infty} \exp\left(-\frac{p_y^2}{2mk_BT}\right) dp_y$$

としてよい。

よって、それぞれのガウス積分を実施して積をとればよいので、分配関数は

$$Z = \frac{L}{h}\sqrt{2\pi mk_BT} \cdot \frac{L}{h}\sqrt{2\pi mk_BT} = \frac{L^2}{h^2}(2\pi mk_BT)$$

となる。

粒子の平均エネルギーは

$$<E> = -\frac{d(\ln Z)}{d\beta} = -\frac{1}{Z}\frac{dZ}{d\beta}$$

によって求められる。

$$Z = \frac{L^2}{h^2}(2\pi mk_BT) = \frac{L^2}{h^2}\left(\frac{2\pi m}{\beta}\right)$$

であるから

$$\frac{dZ}{d\beta} = -\frac{L^2}{h^2}\left(\frac{2\pi m}{\beta^2}\right)$$

から

$$<E> = -\frac{1}{Z}\frac{dZ}{d\beta} = \frac{1}{\beta} = k_BT$$

となる。

ミクロ粒子の運動においては、**等分配の法則** (Law of equipartition) により、基本運動のエネルギーはすべての方向で $(1/2)k_BT$ となる。したがって、x, y の 2 方向では

$$\frac{1}{2}k_{\mathrm{B}}T + \frac{1}{2}k_{\mathrm{B}}T = k_{\mathrm{B}}T$$

となる。

ちなみに、本演習の分配関数は

$$Z = \frac{L^2}{h^2}\int_{-\infty}^{\infty}\int_{-\infty}^{\infty}\exp\left(-\frac{p_x{}^2 + p_y{}^2}{2mk_{\mathrm{B}}T}\right)dp_x dp_y$$

$$= \frac{1}{h^2}\int_{-\infty}^{\infty}\int_{-\infty}^{\infty}\exp\left(-\frac{p_x{}^2 + p_y{}^2}{2mk_{\mathrm{B}}T}\right)dp_x dp_y \int_0^L dx \int_0^L dy$$

となることを付記しておく。

さて、いままでは、1 個の気体分子の運動を考えてきた。それでは、気体分子が複数ある場合はどうなるだろうか。

演習 4-14 N 個の気体分子が、1 次元空間の $0 \leq x \leq L$ の範囲を自由に運動している場合の分配関数を求めよ。

解） この場合、エネルギー項は

$$E = \frac{p_1{}^2 + p_2{}^2 + p_3{}^2 + \ldots + p_N{}^2}{2m}$$

のような N 個の和となる。

よって、分配関数 Z は

$$Z = \frac{L^N}{h^N}\int_{-\infty}^{\infty}\int_{-\infty}^{\infty}\cdots\int_{-\infty}^{\infty}\exp\left(-\beta\frac{p_1{}^2 + p_2{}^2 + \ldots + p_N{}^2}{2m}\right)dp_1 dp_2 \ldots dp_N$$

という N 重積分となる。

この積分は分解できて

$$Z = \frac{L^N}{h^N}\int_{-\infty}^{\infty}\exp\left(-\frac{\beta p_1{}^2}{2m}\right)dp_1 \int_{-\infty}^{\infty}\exp\left(-\frac{\beta p_2{}^2}{2m}\right)dp_2 \cdots \int_{-\infty}^{\infty}\exp\left(-\frac{\beta p_N{}^2}{2m}\right)dp_N$$

となり、ガウス積分であるから

$$Z = \frac{L^N}{h^N} \underbrace{\sqrt{\frac{2\pi m}{\beta}} \cdot \sqrt{\frac{2\pi m}{\beta}} \cdots \sqrt{\frac{2\pi m}{\beta}}}_{N} = \frac{L^N}{h^N}\left(\frac{2\pi m}{\beta}\right)^{\frac{N}{2}}$$

となる。

この系の内部エネルギーは

$$U = <E> = -\frac{1}{Z}\frac{\partial Z}{\partial \beta}$$

である。ここで

$$Z = \frac{L^N}{h^N}(2\pi m)^{\frac{N}{2}} \cdot \beta^{-\frac{N}{2}}$$

から

$$\frac{dZ}{d\beta} = \frac{L^N}{h^N}(2\pi m)^{\frac{N}{2}} \cdot \left(-\frac{N}{2}\right)\beta^{-\frac{N}{2}-1}$$

から、結局

$$U = \frac{N}{2\beta} = \frac{N}{2}k_B T$$

となる。

ところで、いまは、N 個の気体分子が区別できるものとして扱っているが、粒子が区別できない場合は、状態数は $1/N!$ となることに注意されたい。前章でも紹介したように、気体分子は区別ができないので、正式には

$$Z = \frac{L^N}{N!h^N}(2\pi m)^{\frac{N}{2}} \cdot \beta^{-\frac{N}{2}}$$

となる。

それでは、一辺が L の立方体容器に閉じ込められた N 個の気体分子の分配関数を求めてみよう。まず、エネルギーは

$$E = \frac{p_{x1}^2 + p_{y1}^2 + p_{z1}^2}{2m} + \frac{p_{x2}^2 + p_{y2}^2 + p_{z2}^2}{2m} + \cdots + \frac{p_{xN}^2 + p_{yN}^2 + p_{zN}^2}{2m}$$

となる。運動量 p の成分としては、x, y, z 成分がそれぞれ N 個あるので、全体で $3N$ 個があり、積分は $3N$ 重積分となり

$$\Sigma \quad \to \quad \frac{L^{3N}}{h^{3N}} \iiint \cdots \iiint dp_{x1}\, dp_{y1}\, dp_{z1} \cdots dp_{xN}\, dp_{yN}\, dp_{zN}$$

となる。

　さらに、気体分子からなる N 個の粒子は区別がつかないので

$$\Sigma \quad \to \quad \frac{V^N}{N!h^{3N}} \iiint \cdots \iiint dp_{x1}\, dp_{y1}\, dp_{z1} \cdots dp_{xN}\, dp_{yN}\, dp_{zN}$$

となる。ただし、$V=L^3$ を使っている。

　したがって、われわれが求めるべき分配関数は

$$Z = \frac{V^N}{N!h^{3N}} \int_{-\infty}^{\infty} \cdots \int_{-\infty}^{\infty} \exp\left(-\beta \frac{p_{x1}{}^2 + p_{y1}{}^2 + \cdots + p_{zN}{}^2}{2m}\right) dp_{x1} \cdots dp_{zN}$$

となる。

　ここで、いままで見てきたように、この $3N$ 重積分は分解することができ

$$Z = \frac{V^N}{N!h^{3N}} \int_{-\infty}^{\infty} \exp\left(-\beta \frac{p_{x1}{}^2}{2m}\right) dp_{x1} \cdots \int_{-\infty}^{\infty} \exp\left(-\beta \frac{p_{zN}{}^2}{2m}\right) dp_{zN}$$

となるが、これら積分は、すべて同じ値となる。よって

$$Z = \frac{V^N}{N!h^{3N}} \left\{ \int_{-\infty}^{\infty} \exp\left(-\beta \frac{p^2}{2m}\right) dp \right\}^{3N}$$

となるが、カッコ内はガウス積分である。よって、その公式

$$\int_{-\infty}^{\infty} \exp\left(-ax^2\right) dx = \sqrt{\frac{\pi}{a}}$$

を使うと

$$\int_{-\infty}^{\infty} \exp\left(-\frac{\beta}{2m} p^2\right) dp = \sqrt{\frac{2\pi m}{\beta}} = \left(\frac{2\pi m}{\beta}\right)^{\frac{1}{2}}$$

となり、結局

$$Z = \frac{V^N}{N!h^{3N}} \left(\frac{2\pi m}{\beta}\right)^{\frac{3N}{2}}$$

となる。この式を変形すると

$$Z = \frac{L^{3N}}{N!h^{3N}}\left(\frac{2\pi m}{\beta}\right)^{\frac{3N}{2}} = \frac{1}{N!}\left\{\frac{L}{h}\left(\frac{2\pi m}{\beta}\right)^{\frac{1}{2}}\right\}^{3N}$$

となって、1 粒子が 1 次元運動するときの分配関数（1 粒子分配関数）

$$z_1 = \frac{L}{h}\sqrt{2\pi m k_B T} \ = \frac{L}{h}\left(\frac{2\pi m}{\beta}\right)^{\frac{1}{2}}$$

を $3N$ 乗した式を $N!$ で除したもの

$$Z = \frac{z_1^{3N}}{N!} = \frac{1}{N!}\left\{\frac{L}{h}\left(\frac{2\pi m}{\beta}\right)^{\frac{1}{2}}\right\}^{3N} = \frac{L^{3N}}{N!h^{3N}}\left(\frac{2\pi m}{\beta}\right)^{3N} = \frac{V^N}{N!h^{3N}}\left(\frac{2\pi m}{\beta}\right)^{3N}$$

となっている。

　実は、相互作用のないミクロ粒子の分配関数を求める際には、1 粒子分配関数を求めたうえで、上記の操作をすればよいのである。これならば、簡単であるし、分配関数を利用する利点ともなっている。

　ところで、1 粒子分配関数と呼んでいるが、自由度という考えを導入すれば 1 粒子 1 次元方向の運動は、自由度 1 ということになる。つまり、自由度 1 の分配関数と考えることができる。

　粒子数が N 個となり、運動が 3 次元となると、自由度は $3N$ となる。このときの分配関数は、自由度 1 の分配関数を $3N$ 乗すれば得られる。ただし、粒子が区別できる場合は、そのままで良いが、粒子が区別できない場合には $N!$ で除す必要がある。

　体積 V の容器に閉じ込められた N 個の気体分子からなる系の分配関数が得られたので、統計力学の手法を用いて、他の物理量を求めていこう。まず、内部エネルギーは

$$U = -\frac{1}{Z}\frac{dZ}{d\beta}$$

によって与えられる。

$$Z = \frac{V^N}{N!h^{3N}}\left(\frac{2\pi m}{\beta}\right)^{\frac{3N}{2}} = \frac{V^N}{N!h^{3N}}(2\pi m)^{\frac{3N}{2}}\beta^{-\frac{3N}{2}}$$

から

$$\frac{dZ}{d\beta} = -\frac{3N}{2}\frac{V^N}{N!h^{3N}}(2\pi m)^{\frac{3N}{2}}\beta^{-\frac{3N}{2}-1}$$

となるので

$$U = \frac{3N}{2\beta} = \frac{3}{2}Nk_{\mathrm{B}}T$$

と与えられる。これを気体定数 R とモル数 n を使って表記すれば

$$U = \frac{3}{2}nRT$$

となり、マクロな特性とも一致する。

演習 4-15　体積 V の立方体容器に閉じ込められた N 個の気体分子のヘルムホルツの自由エネルギー F を求めよ。

　解）　分配関数を T の関数に変換すると

$$Z = \frac{V^N}{N!h^{3N}}\left(\frac{2\pi m}{\beta}\right)^{\frac{3N}{2}} = \frac{V^N}{N!h^{3N}}(2\pi mk_{\mathrm{B}}T)^{\frac{3N}{2}}$$

となる。

　ここで $F = -k_{\mathrm{B}}T\ln Z$ であったので

$$F = -k_{\mathrm{B}}T\ln\left\{\frac{V^N}{N!h^{3N}}(2\pi mk_{\mathrm{B}}T)^{\frac{3N}{2}}\right\}$$

と与えられる。

　さらに、スターリング近似

$$\ln N! = N\ln N - N$$

を使って、与式を変形してみよう。

$$F = -k_{\mathrm{B}}T\ln\left\{\frac{V^N}{N!h^{3N}}(2\pi mk_{\mathrm{B}}T)^{\frac{3N}{2}}\right\} = -k_{\mathrm{B}}T\ln\left\{\left(\frac{V}{h^3}\right)^N(2\pi mk_{\mathrm{B}}T)^{\frac{3N}{2}}\right\} + k_{\mathrm{B}}T\ln N!$$

$$= -Nk_{\mathrm{B}}T\ln\left\{\frac{V}{h^3}\left(2\pi mk_{\mathrm{B}}T\right)^{\frac{3}{2}}\right\} + k_{\mathrm{B}}T(N\ln N - N)$$

ここで、$\ln e = 1$ を使うと、$N = N\ln e$ と置くことができ

$$F = -Nk_{\mathrm{B}}T\ln\left\{\frac{V}{h^3}\left(2\pi mk_{\mathrm{B}}T\right)^{\frac{3}{2}}\right\} + k_{\mathrm{B}}T(N\ln N - N\ln e)$$

となり、結局

$$F = -Nk_{\mathrm{B}}T\left[\ln\left\{\frac{V}{h^3}\left(2\pi mk_{\mathrm{B}}T\right)^{\frac{3}{2}}\right\} - \ln N + \ln e\right] = -Nk_{\mathrm{B}}T\ln\left\{\frac{eV}{Nh^3}\left(2\pi mk_{\mathrm{B}}T\right)^{\frac{3}{2}}\right\}$$

となる。

　これは、ミクロカノニカル分布で得られた結果と一致する。ミクロカノニカル分布では、状態数をもとに計算したが、カノニカル分布では、エネルギーをもとに計算している。このように、対象とする現象が同じ場合には、異なる手法であっても、同じ結果が得られるのである。

演習 4-16　体積 V の立方体容器に閉じ込められた N 個の気体分子のヘルムホルツの自由エネルギーが

$$F = -Nk_{\mathrm{B}}T\ln\left\{\frac{eV}{Nh^3}\left(2\pi mk_{\mathrm{B}}T\right)^{\frac{3}{2}}\right\}$$

と与えられることを利用して、エントロピーS を求めよ。

　解)　ヘルムホルツの自由エネルギーF とエントロピーS の関係 $S = -dF/dT$ を利用する。すると

$$\frac{dF}{dT} = -Nk_{\mathrm{B}}\ln\left\{\frac{eV}{Nh^3}\left(2\pi mk_{\mathrm{B}}T\right)^{\frac{3}{2}}\right\} - Nk_{\mathrm{B}}T\cdot\frac{d}{dT}\left[\ln\left\{\frac{eV}{Nh^3}\left(2\pi mk_{\mathrm{B}}T\right)^{\frac{3}{2}}\right\}\right]$$

ここで

$$\ln\left\{\frac{eV}{Nh^3}\left(2\pi mk_{\mathrm{B}}T\right)^{\frac{3}{2}}\right\} = \ln\left\{\frac{eV}{Nh^3}\left(2\pi mk_{\mathrm{B}}\right)^{\frac{3}{2}} + T^{\frac{3}{2}}\right\}\ln\left\{\frac{eV}{Nh^3}\left(2\pi mk_{\mathrm{B}}\right)^{\frac{3}{2}}\right\} + \frac{3}{2}\ln T$$

と変形できるので

$$\frac{dF}{dT} = -Nk_{\mathrm{B}}\ln\left\{\frac{eV}{Nh^3}\left(2\pi mk_{\mathrm{B}}T\right)^{\frac{3}{2}}\right\} - \frac{3}{2}Nk_{\mathrm{B}}$$

よって

$$S = -\frac{dF}{dT} = N k_{\mathrm{B}} \ln \left\{ \frac{eV}{Nh^3} \left(2\pi m k_{\mathrm{B}} T \right)^{\frac{3}{2}} \right\} + \frac{3}{2} N k_{\mathrm{B}} \ln e$$

$$= N k_{\mathrm{B}} \left[\ln \left\{ \frac{eV}{Nh^3} \left(2\pi m k_{\mathrm{B}} T \right)^{\frac{3}{2}} \right\} + \frac{3}{2} \ln e \right] = N k_{\mathrm{B}} \ln \left\{ \frac{V}{Nh^3} \left(2\pi m k_{\mathrm{B}} T \right)^{\frac{3}{2}} e^{\frac{5}{2}} \right\}$$

となる。

つまり

$$S = N k_{\mathrm{B}} \ln \left\{ \frac{V}{Nh^3} \left(2\pi m k_{\mathrm{B}} T \right)^{\frac{3}{2}} e^{\frac{5}{2}} \right\}$$

となるが、これを変形すると

$$S = k_{\mathrm{B}} N \left\{ \frac{3}{2} \ln \left(\frac{2m\pi k_{\mathrm{B}}}{h^2} T \right) + \ln \left(\frac{V}{N} \right) + \frac{5}{2} \right\}$$

となり、ミクロカノニカル分布において求めたエントロピーの値と一致すること
が確かめられる。

4.8. エネルギーのゆらぎ

熱浴に接している系では、温度 T は熱浴と同じで変化はしないが、粒子の微視
的状態は、常に変化していると考えられる。これは、粒子の運動が、常に、変化
しているからである。そして、エネルギーの平均が内部エネルギーに相当すると
考えられるのである。

このように、粒子の運動を統計的にとらえて、その平均をもって系のエネルギ
ーとするという考えが統計力学の基本である。

たとえば、平均のエネルギーは、統計的には

$$< E > = P_1 E_1 + P_2 E_2 + P_3 E_3 + \cdots + P_n E_n$$

となる。E の期待値と呼ぶこともある。

これが系の内部エネルギーに相当する。ちなみに $< E >$ という表記は E の平均
を意味する。上記の出現確率は

$$P_r = \frac{1}{Z} \exp \left(-\beta E_r \right)$$

となる。

それでは、ゆらぎの程度はどれくらいなのであろうか。統計的には、それはエネルギーの**分散** (variance) を調べることで与えられる。ゆらぎの度合いは、それぞれのエネルギーが平均値からどれくらいずれているかに依存する。

すなわち

$$E - <E>$$

がずれの度合いに対応する。

しかし、これをそのまま足したのでは、平均からのずれには正と負があるので、互いに相殺してしまう。そこで

$$(E - <E>)^2$$

のように平方を計算して、和をとり、その平均を使えばよいことになる。これが分散である。

したがって、分散は

$$V(E) = P_1(E_1 - <E>)^2 + P_2(E_2 - <E>)^2 + \dots + P_n(E_n - <E>)^2$$

と与えられる。

この結果がゼロでないということは、温度が T と一定の平衡状態にあっても、エネルギーには、この程度のゆらぎがあるということを示している。

演習 4-17　3 個の成分の分散

$$V(E) = P_1(E_1 - <E>)^2 + P_2(E_2 - <E>)^2 + P_3(E_3 - <E>)^2$$

が

$$V(E) = P_1 E_1^2 + P_2 E_2^2 + P_3 E_3^2 - <E>^2$$

と変形できることを示せ。

解）
$$V(E) = P_1(E_1 - <E>)^2 + P_2(E_2 - <E>)^2 + P_3(E_3 - <E>)^2$$

を展開すると

$$V(E) = P_1 E_1^2 + P_2 E_2^2 + P_3 E_3^2 - 2P_1 E_1 <E> - 2P_2 E_2 <E> - 2P_3 E_3 <E>$$
$$+ P_1 <E>^2 + P_2 <E>^2 + P_3 <E>^2$$

となるが

$$2P_1 E_1 <E> + 2P_2 E_2 <E> + 2P_3 E_3 <E>$$

$$= 2\left(P_1E_1 + P_2E_2 + P_3E_3\right) < E > = 2 < E >^2$$

ならびに

$$P_1 < E >^2 + P_2 < E >^2 + P_3 < E >^2$$

$$= \left(P_1 + P_2 + P_3\right) < E >^2 = < E >^2$$

から

$$V(E) = P_1E_1^{\ 2} + P_2E_2^{\ 2} + P_3E_3^{\ 2} - < E >^2$$

となる。

これを一般の場合に拡張すると

$$V(E) = \sum_{r=1}^{n} P_rE_r^{\ 2} - < E >^2 = < E^2 > - < E >^2$$

と与えられる。統計学では分散公式と呼ばれるものである。

よって、カノニカル分布では

$$V(E) = \frac{1}{Z}\sum_{r=1}^{n} E_r^{\ 2} \exp\left(-\beta E_r\right) - < E >^2$$

となる。

しかし、このままでは、単位はエネルギーの 2 乗である。エネルギーそのものののゆらぎという観点では、分散の**平方根** (square root) をとる必要があり

$$\Delta E = \sqrt{V(E)}$$

となる。

統計学では、分散の平方根のことを**標準偏差** (standard deviation) と呼んでいるが、物理学では、**ゆらぎ** (fluctuation) あるいは、**分布の幅** (width of distribution) などと呼ぶのが通例である。

演習 4-18　分配関数を

$$Z = \exp\left(-\beta E_1\right) + \exp\left(-\beta E_2\right) + ... + \exp\left(-\beta E_n\right)$$

としたとき、つぎの関係が成立することを確かめよ。

$$\frac{d^2 \ln Z}{d\beta^2} = \frac{1}{Z}\sum_{r=1}^{n} E_r^{\ 2} \exp\left(-\beta E_r\right) - < E >^2$$

解）

$$\frac{d^2 \ln Z}{d\beta^2} = \frac{d}{d\beta}\left(\frac{d \ln Z}{d\beta}\right) = \frac{d}{d\beta}\left(\frac{1}{Z}\frac{dZ}{d\beta}\right)$$

であるので

$$\frac{d^2 \ln Z}{d\beta^2} = \frac{d}{d\beta}\left(\frac{1}{Z}\frac{dZ}{d\beta}\right) = -\frac{1}{Z^2}\left(\frac{dZ}{d\beta}\right)^2 + \frac{1}{Z}\frac{d^2 Z}{d\beta^2}$$

となる。ここで

$$U = <E> = -\frac{d \ln Z}{d\beta} = -\frac{1}{Z}\frac{dZ}{d\beta}$$

であり

$$\frac{dZ}{d\beta} = -E_1 \exp\left(-\beta E_1\right) - E_2 \exp\left(-\beta E_2\right) - ... - E_n \exp\left(-\beta E_n\right)$$

から

$$\frac{d^2 Z}{d\beta^2} = E_1{}^2 \exp\left(-\beta E_1\right) + E_2{}^2 \exp\left(-\beta E_2\right) - ... + E_n{}^2 \exp\left(-\beta E_n\right)$$

よって

$$\frac{1}{Z}\frac{d^2 Z}{d\beta^2} = \frac{1}{Z}\sum_{r=1}^{n} E_r{}^2 \exp\left(-\beta E_r\right)$$

となる。したがって

$$\frac{d^2 \ln Z}{d\beta^2} = \frac{1}{Z}\sum_{r=1}^{n} E_r{}^2 \exp\left(-\beta E_r\right) - <E>^2$$

となる。

　これは、まさに、先ほど求めたエネルギーの分散となる。そして、その平方根が、ゆらぎの大きさの指標となるのである。さらに

$$\frac{d^2 \ln Z}{d\beta^2} = \frac{d}{d\beta}\left(\frac{d \ln Z}{d\beta}\right) = -\frac{dU}{d\beta}$$

となるが

$$\beta = \frac{1}{k_B T}$$

から

$$d\beta = -\frac{1}{k_{\mathrm{B}}T^2}dT$$

として

$$\frac{d^2 \ln Z}{d\beta^2} = -\frac{dU}{d\beta} = k_{\mathrm{B}}T^2 \frac{dU}{dT}$$

という関係にもある。**定積熱容量** (heat capacity under constant volume) は

$$C_v = \frac{dU}{dT}$$

となるから、結局

$$V(E) = \frac{1}{Z}\sum_{r=1}^{n} E_r{}^2 \exp\left(-\frac{E_r}{k_{\mathrm{B}}T}\right) - <E>^2 \ = C_v k_{\mathrm{B}}T^2$$

となり、系のエネルギーのゆらぎの大きさは

$$\Delta E = \sqrt{C_v k_{\mathrm{B}}T^2} = \sqrt{C_v k_{\mathrm{B}}}\ T$$

となる。温度 T が高ければ、粒子の運動が活発となるので、それだけ、エネルギーの分布の幅が大きくなることは容易に予想できるであろう。

　あるいは、系の熱容量は、分配関数を使うと

$$C_v = \frac{1}{k_{\mathrm{B}}T^2}\frac{d^2 \ln Z}{d\beta^2}$$

と与えられることになる。

第5章　グランドカノニカル集団

　前章で紹介したカノニカル集団は、ふたつの系の間でエネルギーのやりとりをしているが、粒子の移動は生じないものとして解析を進めた。本章ではエネルギーとともに粒子も移動できる系を取り扱うことにする。

　このように、粒子の数にも自由度のある系を**グランドカノニカル集団** (grand canonical ensemble) と呼んでいる。

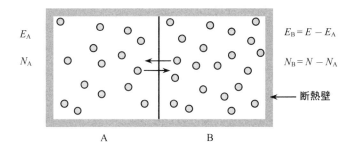

図 5-1　2個の系 A と B があり、エネルギーとともに粒子の移動も可能とする。このような系をグランドカノニカル集団と呼んでいる。

　つまり、ミクロカノニカル集団は、エネルギーも粒子も外部とやりとりのない孤立した系である。カノニカル集団は、隣接する系の間でエネルギーのみ、やりとりが許されている系である。これに対し、グランドカノニカル集団では、エネルギーも粒子もやりとりが可能となる系である。

5.1.　大分配関数

　系 A の内部エネルギーを E_A, 粒子数を N_A とする。これが**熱浴** (heat bath)である系 B（エネルギーE_B, 粒子数 N_B）と接しているが結合系 A＋B は外界と断熱さ

れているものとする。

　この結合系 A + B の内部エネルギーを E, 粒子数を N とすると、系 B のエントロピーは

$$S_\mathrm{B}(E_\mathrm{B}, N_\mathrm{B}) = S_\mathrm{B}(E - E_\mathrm{A}, N - N_\mathrm{A})$$

となる。ここで、E_A と N_A が、E、N に比べて十分小さいので、偏微分の定義を思い出すと

$$\frac{S(E + \Delta E, N) - S(E, N)}{\Delta E} \cong \frac{\partial S(E, N)}{\partial E}$$

から

$$S(E + \Delta E, N) \cong S(E, N) + \frac{\partial S(E, N)}{\partial E} \Delta E$$

と置ける。$\Delta E = -E_\mathrm{A}$ とすると

$$S(E - E_\mathrm{A}, N) \cong S(E, N) - \frac{\partial S(E, N)}{\partial E} E_\mathrm{A}$$

となる。よって

$$S_\mathrm{B}(E - E_\mathrm{A}, N - N_\mathrm{A}) \cong S_\mathrm{B}(E, N) - \frac{\partial S_\mathrm{B}(E, N)}{\partial E} E_\mathrm{A} - \frac{\partial S_\mathrm{B}(E, N)}{\partial N} N_\mathrm{A}$$

という関係が得られる。

　結合系の平衡状態を考えると、系の温度は系 A および系 B ともに T となり、エントロピーは最大となる。

　ここで、系 A の内部エネルギーと粒子数が $E_\mathrm{A}, N_\mathrm{A}$ になる確率は

$$P(E_\mathrm{A}, N_\mathrm{A}) = \frac{W_\mathrm{A}(E_\mathrm{A}, N_\mathrm{A}) W_\mathrm{B}(E - E_\mathrm{A}, N - N_\mathrm{A})}{W_\mathrm{A+B}(E, N)}$$

となる。

　分母は A + B の結合系がとりうる状態数の総数である。分子は、A が $E_\mathrm{A}, N_\mathrm{A}$ となる状態数 $W_\mathrm{A}(E_\mathrm{A}, N_\mathrm{A})$ と対応する B の状態数 $W_\mathrm{B}(E - E_\mathrm{A}, N - N_\mathrm{A})$ の積となっている。よって、A のひとつの状態が得られる確率は

$$P(E_\mathrm{A}, N_\mathrm{A}) \propto W_\mathrm{B}(E - E_\mathrm{A}, N - N_\mathrm{A})$$

という比例関係にある。

　状態数とエントロピーは

$$W_{\mathrm{B}}(E - E_{\mathrm{A}}, N - N_{\mathrm{A}}) = \exp\left(\frac{S_{\mathrm{B}}(E - E_{\mathrm{A}}, N - N_{\mathrm{A}})}{k_{\mathrm{B}}}\right)$$

という関係にあるから

$$P(E_{\mathrm{A}}, N_{\mathrm{A}}) \propto \exp\left(\frac{S_{\mathrm{B}}(E - E_{\mathrm{A}}, N - N_{\mathrm{A}})}{k_{\mathrm{B}}}\right)$$

となる。ここで、第 1 章で導出した

$$dS = \frac{dE}{T} + \frac{P}{T}dV - \frac{\mu}{T}dN$$

という関係を思い出してみよう。体積が一定とすると

$$dS(E, N) = \frac{dE}{T} - \frac{\mu}{T}dN$$

となるので

$$\frac{\partial S_{\mathrm{B}}(E, N)}{\partial E} = \frac{1}{T} \qquad\qquad \frac{\partial S_{\mathrm{B}}(E, N)}{\partial N} = -\frac{\mu}{T}$$

が成立する。

演習 5-1　上記の 2 式を利用して

$$P(E_{\mathrm{A}}, N_{\mathrm{A}}) \propto \exp\left(-\frac{E_{\mathrm{A}} - \mu N_{\mathrm{A}}}{k_{\mathrm{B}}T}\right)$$

という関係にあることを確かめよ。

解)

$$P(E_{\mathrm{A}}, N_{\mathrm{A}}) \propto \exp\left(\frac{S_{\mathrm{B}}(E - E_{\mathrm{A}}, N - N_{\mathrm{A}})}{k_{\mathrm{B}}}\right)$$

において

$$S_{\mathrm{B}}(E - E_{\mathrm{A}}, N - N_{\mathrm{A}}) = S_{\mathrm{B}}(E, N) - \frac{\partial S_{B}(E, N)}{\partial E}E_{\mathrm{A}} - \frac{\partial S_{B}(E, N)}{\partial N}N_{\mathrm{A}}$$

$$= S_{\mathrm{B}}(E, N) - \frac{E_{\mathrm{A}}}{T} + \frac{\mu N_{\mathrm{A}}}{T}$$

となるから

$$P(E_A, N_A) \propto \exp\left(\frac{S_B(E,N)}{k_B} - \frac{E_A}{k_B T} + \frac{\mu N_A}{k_B T}\right)$$

となる。$\exp\left(\dfrac{S_B(E,N)}{k_B}\right)$ は定数とみなせるので

$$P(E_A, N_A) \propto \exp\left(-\frac{E_A - \mu N_A}{k_B T}\right)$$

という関係が得られる。

　この式は

$$P(E_A, N_A) \propto \exp\left(-\frac{E_A - \mu N_A}{k_B T}\right) = \exp\left(-\frac{E_A}{k_B T}\right)\exp\left(\frac{\mu N_A}{k_B T}\right)$$

としてもよい。

　$P(E_A, N_A)$ は、粒子数もエネルギーも変化できる系において、粒子数が N_A、エネルギーが E_A となる確率を与える。ここで

$$P(E_A, N_A) = C\exp\left(-\frac{E_A}{k_B T}\right)\exp\left(\frac{\mu N_A}{k_B T}\right)$$

と置いて、定数 C を求めてみよう。ここで

$$Z_G = \sum \exp\left(-\frac{E_A}{k_B T}\right)\exp\left(\frac{\mu N_A}{k_B T}\right)$$

いう和を考える。この和は、粒子数としては、とりうるすべての $N_A = 0, 1, 2, ..., N$ を網羅する。そのうえで、それぞれの粒子数 N_A に対して、とりうるすべてのエネルギー状態 $E_A = E_1, E_2, ..., E_n$ の和をとったものである。よって、かなり大掛かりな和となるので、Z_G を**大分配関数** (grand partition function) と呼んでいる。すると

$$C = \frac{1}{Z_G}$$

となり

$$P(E_A, N_A) = \frac{1}{Z_G}\exp\left(-\frac{E_A}{k_B T}\right)\exp\left(\frac{\mu N_A}{k_B T}\right)$$

と与えられる。

これ以降は、一般化のために、E_A は E と、また N_A は N と表記し、和の Σ としては可能なすべての状態を対象とするという約束をして、大分配関数を

$$Z_G = \sum \exp\left(-\frac{E - \mu N}{k_B T}\right)$$

と表記することにしよう。

逆温度 β を使って

$$Z_G = \sum \exp\left\{-\beta(E - \mu N)\right\}$$

と表記する場合もある。

グランドカノニカル分布では、エネルギーの範囲や粒子数に制限がなくともよい。その場合は、和をとる範囲は 0 から ∞ までとなる。

グランドカノニカル集団におけるエネルギーの平均は

$$<E> = P(E_1)E_1 + P(E_2)E_2 + ... + P_N(E_N) + ...$$

となるので

$$<E> = \frac{1}{Z_G} \sum E \exp\left(-\frac{E - \mu N}{k_B T}\right)$$

となる。同様にして、粒子数の平均は

$$<N> = \frac{1}{Z_G} \sum N \exp\left(-\frac{E - \mu N}{k_B T}\right)$$

と与えられる。

演習 5-2　グランドカノニカル集団において

$$k_B T \frac{\partial}{\partial \mu}\left(\ln Z_G\right) = <N>$$

という関係が成立することを確かめよ。

解）　$\dfrac{\partial}{\partial \mu}\left(\ln Z_G\right) = \dfrac{1}{Z_G}\dfrac{\partial Z_G}{\partial \mu}$　と変形できる。ここで

$$Z_G = \sum \exp\left(-\frac{E - \mu N}{k_B T}\right)$$

を μ に関して偏微分すると

$$\frac{\partial Z_G}{\partial \mu} = \sum \left(\frac{N}{k_B T} \right) \exp \left(-\frac{E - \mu N}{k_B T} \right)$$

となる。したがって

$$\frac{\partial}{\partial \mu} \left(\ln Z_G \right) = \frac{1}{Z_G} \frac{\partial Z_G}{\partial \mu} = \frac{1}{Z_G} \sum \frac{N}{k_B T} \exp \left(-\frac{E - \mu N}{k_B T} \right)$$

となる。

$$< N > = \frac{1}{Z_G} \sum N \exp \left(-\frac{E - \mu N}{k_B T} \right)$$

であるから

$$\frac{\partial}{\partial \mu} \left(\ln Z_G \right) = \frac{1}{Z_G} \frac{\partial Z_G}{\partial \mu} = \frac{1}{k_B T} < N >$$

したがって

$$k_B T \frac{\partial}{\partial \mu} (\ln Z_G) = < N >$$

という関係が成立する。

演習 5-3　グランドカノニカル集団において

$$\frac{\partial}{\partial \beta} \left(\ln Z_G \right)$$

の値を求めよ。

解）　$Z_G = \sum \exp \left\{ -\beta (E - \mu N) \right\}$　であるから

$$\frac{\partial}{\partial \beta} \left(\ln Z_G \right) = \frac{1}{Z_G} \frac{\partial Z_G}{\partial \beta} = -\frac{1}{Z_G} \sum (E - \mu N) \exp \left\{ -\beta (E - \mu N) \right\}$$

$$= -\frac{1}{Z_G} \sum (E - \mu N) \exp \left(-\frac{E - \mu N}{k_B T} \right)$$

となり

$$\frac{\partial}{\partial \beta} \left(\ln Z_G \right) = - < E - \mu N >$$

という関係が成立する。

つまり

$$\frac{\partial}{\partial \beta}\left(\ln Z_G\right) = -<E>+\mu<N>$$

となり、$<E>$ が系の内部エネルギーと考えられるので、結局、グランドカノニカル集団の内部エネルギーは

$$U = -\frac{\partial}{\partial \beta}\left(\ln Z_G\right) + \mu N$$

と与えられる。以上のように、グランドカノニカル集団の場合にも、大分配関数を利用することで、いろいろな熱力学関数を求めることができる。

5.2. グランドカノニカル分布の例

グランドカノニカル分布を、具体例で見ていこう。まず、エネルギーが2準位の場合の分布を示そう。まず、$N=0$ からはじめると、図 5-2 となる。

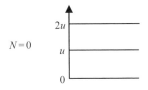

図 5-2 $N = 0$ の状態

つぎに $N=1$ の場合は図 5-3 の2状態となる。

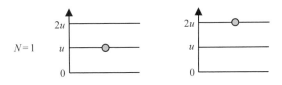

図 5-3 $N = 1$ の場合の状態

$N=2$ の場合は、粒子が区別できると考えると、図 5-4 の 4 状態となる。

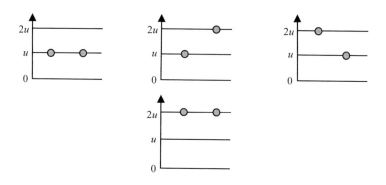

図 5-4 　 $N=2$ の場合のエネルギー状態

さらに、$N=3$ の場合には、粒子が区別できるとすれば、図 5-5 に示すような 8 状態となる。

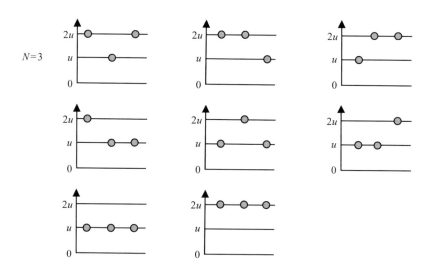

図 5-5 　 $N=3$ の場合のエネルギー状態。8 ($=2^3$) 種類のエネルギー状態がある。

以上のように、粒子数に依存してエネルギー状態の数はどんどん増えていくこ

とになる。大分配関数を計算するときは、これらをすべて数え上げていく必要がある。

それでは、Z_G の項を具体的に計算してみよう。まず $N=0$ のとき、$E=0$ しかないので

$$\sum \exp\left(-\frac{E}{k_B T}\right)\exp\left(\frac{\mu N}{k_B T}\right) = \exp(0)\exp(0) = 1$$

$N=1$ のとき、$E=u$ と $E=2u$ の場合があり

$$\sum \exp\left(-\frac{E}{k_B T}\right)\exp\left(\frac{\mu N}{k_B T}\right) = \exp\left(-\frac{u}{k_B T}\right)\exp\left(\frac{\mu}{k_B T}\right) + \exp\left(-\frac{2u}{k_B T}\right)\exp\left(\frac{\mu}{k_B T}\right)$$

となる。

$N=2$ のとき、$E=2u, 3u, 4u$ の場合があり

$$\sum \exp\left(-\frac{E}{k_B T}\right)\exp\left(\frac{\mu N}{k_B T}\right) = \exp\left(-\frac{2u}{k_B T}\right)\exp\left(\frac{2\mu}{k_B T}\right) + \exp\left(-\frac{3u}{k_B T}\right)\exp\left(\frac{2\mu}{k_B T}\right)$$

$$+ \exp\left(-\frac{3u}{k_B T}\right)\exp\left(\frac{2\mu}{k_B T}\right) + \exp\left(-\frac{4u}{k_B T}\right)\exp\left(\frac{2\mu}{k_B T}\right)$$

となる。このとき、$E=3u$ の状態は 2 個ある。つまり、2 重に縮退している。

これをまとめると

$$\exp\left(\frac{2\mu}{k_B T}\right)\left\{\exp\left(-\frac{2u}{k_B T}\right) + 2\exp\left(-\frac{3u}{k_B T}\right) + \exp\left(-\frac{4u}{k_B T}\right)\right\}$$

となるが、{} 内は、第 4 章で紹介したカノニカル集団の 2 準位 2 粒子系の分配関数である。

同様にして、$N=3$ の場合

$$\exp\left(\frac{3\mu}{k_B T}\right)\left\{\exp\left(-\frac{3u}{k_B T}\right) + 3\exp\left(-\frac{4u}{k_B T}\right) + 3\exp\left(-\frac{5u}{k_B T}\right) + \exp\left(-\frac{6u}{k_B T}\right)\right\}$$

となるが、{} 内は、第 4 章で紹介したカノニカル集団の 2 準位 3 粒子系の分配関数である。

この後も、同様にして、$N=4, N=5, ...$ の場合を計算していき、∞ までの極限をすべて足したものが、大分配関数となる。

ここで、カノニカル集団の 2 準位系 N 粒子の分配関数を $Z_2(N)$ と表記すれば、

大分配関数は

$$Z_G = \sum_{N=0}^{\infty} \exp\left(\frac{\mu N}{k_B T}\right) Z_2(N)$$

と与えられることになる。このように、大分配関数は、カノニカル分布における可能な分配関数をすべて含んでいることになる。

演習 5-4　ミクロ粒子の占めることのできるエネルギー準位が 3 種類 ($\varepsilon_1 = u, \varepsilon_2 = 2u, \varepsilon_3 = 3u$) からなる系において、大分配関数の構成要素を $N = 2$ まで求めよ。

　解)　　$N = 0$ のとき　$E = 0$ のみである。よって

$$Z(N = 0) = \exp\left(-\frac{0}{k_B T}\right) = 1$$

　$N = 1$ のとき　とりうるエネルギーの大きさは $E = u, 2u, 3u$ の 3 種類であり、分配関数は

$$Z(N = 1) = \exp\left(-\frac{u}{k_B T}\right) + \exp\left(-\frac{2u}{k_B T}\right) + \exp\left(-\frac{3u}{k_B T}\right)$$

となる。

　$N = 2$ のとき

　　　　$E = 2u$ で微視的状態は (u, u) の 1 個

　　　　$E = 3u$ で微視的状態は $(u, 2u)\,(2u, u)$ の 2 個

　　　　$E = 4u$ では $(u, 3u)\,(3u, u)\,(2u, 2u)$ の 3 個

　　　　$E = 5u$ では $(2u, 3u), (3u, 2u)$ の 2 個

　　　　$E = 6u$ では $(3u, 3u)$ の 1 個

となり、分配関数は

$$Z(N = 2) = \exp\left(-\frac{2u}{k_B T}\right) + 2\exp\left(-\frac{3u}{k_B T}\right) + 3\exp\left(-\frac{4u}{k_B T}\right) + 2\exp\left(-\frac{5u}{k_B T}\right) + \exp\left(-\frac{6u}{k_B T}\right)$$

となる。

　このように、3 準位系でも、$N = 2$ で、すでに微視的状態は 9 ($= 3^2$) 個となっている。これ以降、粒子数が増えるにしたがって、その数も増えていく。ちな

みに、3 準位系の大分配関数は

$$Z_G = 1 + \exp\left(\frac{\mu}{k_\mathrm{B}T}\right)\left\{\exp\left(-\frac{u}{k_\mathrm{B}T}\right) + \exp\left(-\frac{2u}{k_\mathrm{B}T}\right) + \exp\left(-\frac{3u}{k_\mathrm{B}T}\right)\right\}$$

$$+ \exp\left(\frac{2\mu}{kT}\right)\left\{\exp\left(-\frac{2u}{k_\mathrm{B}T}\right) + 2\exp\left(-\frac{3u}{k_\mathrm{B}T}\right) + 3\exp\left(-\frac{4u}{k_\mathrm{B}T}\right) + 2\exp\left(-\frac{5u}{k_\mathrm{B}T}\right) + \exp\left(-\frac{6u}{k_\mathrm{B}T}\right)\right\}$$

$$+ .....$$

と与えられる。3 準位系の場合にも、N 個の粒子からなるカノニカル集団の分配関数を $Z_3(N)$ と表記すれば、大分配関数は

$$Z_G = \sum_{N=0}^{\infty} \exp\left(\frac{\mu N}{k_\mathrm{B}T}\right) Z_3(N)$$

と与えられることになる。

5.3.　大分配関数と分配関数

　実は、いま求めた関係は、2 準位系と 3 準位系に限定したものではなく、すべてのグランドカノニカル集団においても成立する関係である。ここで

$$\exp\left(\frac{\mu N}{k_\mathrm{B}T}\right) = \left\{\exp\left(\frac{\mu}{k_\mathrm{B}T}\right)\right\}^N$$

という関係にあるので

$$\exp\left(\frac{\mu}{k_\mathrm{B}T}\right) = \lambda$$

と置くと、大分配関数は

$$Z_G = \sum_{N=0}^{\infty} \lambda^N Z(N)$$

あるいは

$$Z_G = Z(0) + \lambda Z(1) + \lambda^2 Z(2) + \lambda^3 Z(3) + ... + \lambda^n Z(n) + ...$$

と表記することもできる。このように表記すれば、Z_G がカノニカル分布の分配関数を、すべて含んでいるということが明確となる。

この関係式を使えば、カノニカル分布において求めた分配関数 $Z(N)$ から、容易に大分配関数を求めることが可能となるのである。

演習 5-5 単原子分子からなる理想気体をグランドカノニカル集団とみなして、大分配関数を求めよ。

解） N 粒子系のカノニカル分布における分配関数は

$$Z = \frac{V^N}{N!h^{3N}}\left(\frac{2\pi m}{\beta}\right)^{\frac{3N}{2}} = \frac{V^N}{N!h^{3N}}\left(2\pi mk_{\mathrm{B}}T\right)^{\frac{3N}{2}}$$

と与えられた。

したがって、グランドカノニカル分布における大分配関数は

$$Z_G = \sum_{N=0}^{\infty} \lambda^N \frac{V^N}{N!h^{3N}}\left(\frac{2\pi m}{\beta}\right)^{\frac{3N}{2}} = \sum_{N=0}^{\infty} \lambda^N \frac{V^N}{N!h^{3N}}\left(2\pi mk_{\mathrm{B}}T\right)^{\frac{3N}{2}}$$

と与えられる。

ここで、いま求めた大分配関数

$$Z_G = \sum_{N=0}^{\infty} \lambda^N \frac{V^N}{N!h^{3N}}\left(2\pi mk_{\mathrm{B}}T\right)^{\frac{3N}{2}}$$

を眺めてみよう。すると

$$Z_G = \sum_{N=0}^{\infty} \frac{1}{N!}\left\{\frac{\lambda V\left(2\pi mk_{\mathrm{B}}T\right)^{\frac{3}{2}}}{h^3}\right\}^N$$

と変形できることがわかる。

ここで、指数関数の級数展開

$$\exp(x) = e^x = 1 + x + \frac{x^2}{2} + \frac{x^3}{3!} + ... + \frac{x^n}{n!} + ...$$

を思い出してみよう。

先ほど求めた理想気体の Z_G を見てみると

$$x = \frac{\lambda V \left(2\pi m k_B T\right)^{\frac{3}{2}}}{h^3}$$

とすれば、これは、まさに指数関数の級数展開となっている。したがって

$$Z_G = \exp\left\{\frac{\lambda V \left(2\pi m k_B T\right)^{\frac{3}{2}}}{h^3}\right\}$$

という関係にあることがわかる。

演習 5-6　単原子分子からなる理想気体をグランドカノニカル集団とみなして、その内部エネルギーを求めよ。

解）　演習 5-3 の結果から、グランドカノニカル集団の内部エネルギーは

$$<E>=U = -\frac{\partial}{\partial \beta}\left(\ln Z_G\right) + \mu <N>$$

と与えられる。ここで

$$Z_G = \exp\left\{\frac{\lambda V \left(2\pi m k_B T\right)^{\frac{3}{2}}}{h^3}\right\} = \exp\left\{\frac{\lambda V}{h^3}\left(\frac{2\pi m}{\beta}\right)^{\frac{3}{2}}\right\}$$

より

$$\ln Z_G = \frac{\lambda V}{h^3}\left(\frac{2\pi m}{\beta}\right)^{\frac{3}{2}} = \frac{\lambda V}{h^3}(2\pi m)^{\frac{3}{2}}\beta^{-\frac{3}{2}}$$

また、

$$\lambda = \exp\left(\frac{\mu}{k_B T}\right) = \exp(\beta\mu)$$

であるから

$$\ln Z_G = \frac{\lambda V}{h^3}(2\pi m)^{\frac{3}{2}}\beta^{-\frac{3}{2}} = \frac{V}{h^3}(2\pi m)^{\frac{3}{2}}\beta^{-\frac{3}{2}}\exp(\beta\mu)$$

したがって

$$\frac{\partial}{\partial \beta}(\ln Z_G) = -\frac{3}{2}\frac{V}{h^3}(2\pi m)^{\frac{3}{2}}\beta^{-\frac{5}{2}}\exp(\beta\mu) + \mu\frac{V}{h^3}(2\pi m)^{\frac{3}{2}}\beta^{-\frac{3}{2}}\exp(\beta\mu)$$

となる。また、演習 5-2 より

$$<N> = k_{\mathrm{B}}T\frac{\partial}{\partial\mu}(\ln Z_G) = \frac{1}{\beta}\frac{\partial}{\partial\mu}(\ln Z_G)$$

となるが

$$\frac{\partial}{\partial\mu}(\ln Z_G) = \frac{V}{h^3}(2\pi m)^{\frac{3}{2}}\beta^{-\frac{1}{2}}\exp(\beta\mu)$$

よって

$$<N> = \frac{1}{\beta}\frac{\partial}{\partial\mu}(\ln Z_G) = \frac{V}{h^3}(2\pi m)^{\frac{3}{2}}\beta^{-\frac{3}{2}}\exp(\beta\mu)$$

したがって

$$U = -\frac{\partial}{\partial\beta}(\ln Z_G) + \mu<N> = \frac{3}{2}\frac{V}{h^3}(2\pi m)^{\frac{3}{2}}\beta^{-\frac{5}{2}}\exp(\beta\mu)$$

となる。

ここで

$$<N> = \frac{V}{h^3}(2\pi m)^{\frac{3}{2}}\beta^{-\frac{3}{2}}\exp(\beta\mu)$$

であったので

$$U = \frac{3}{2}\frac{<N>}{\beta} = \frac{3}{2}<N>k_{\mathrm{B}}T$$

となる。これは、まさに、理想気体の内部エネルギーの一般式である。つまり、グランドカノニカルの手法を用いても、従来と同じ結果が得られるのである。

5.4. ゆらぎ

グランドカノニカル集団の平衡状態においては、温度 T は一定であるが、エネルギー E と粒子数 N は熱浴とやりとりできるため、ゆらぎがあると考えられる。

グランドカノニカル分布の平均粒子数は

$$<N> = \frac{1}{Z_G}\sum N\exp\left(-\frac{E-\mu N}{k_{\mathrm{B}}T}\right) = \frac{1}{Z_G}\sum N\exp\{-\beta(E-\mu N)\}$$

と与えられる。

演習 5-7　以下の式が成立することを確かめよ。

$$\frac{\partial <N>}{\partial \mu} = \beta\left(<N^2> - <N>^2\right)$$

解）

$$\frac{\partial <N>}{\partial \mu} = \frac{\partial}{\partial \mu}\left(\frac{1}{Z_G}\right)\sum N\exp\left\{-\beta(E-\mu N)\right\} + \frac{1}{Z_G}\frac{\partial}{\partial \mu}\left(\sum N\exp\left\{-\beta(E-\mu N)\right\}\right)$$

$$= -\frac{1}{Z_G{}^2}\frac{\partial Z_G}{\partial \mu}\sum N\exp\left\{-\beta(E-\mu N)\right\} + \frac{1}{Z_G}\sum \beta N^2\exp\left\{-\beta(E-\mu N)\right\}$$

となる。また

$$<N^2> = \frac{1}{Z_G}\sum N^2\exp\left(-\frac{E-\mu N}{k_B T}\right) = \frac{1}{Z_G}\sum N^2\exp\left\{-\beta(E-\mu N)\right\}$$

であるから

$$\frac{\partial <N>}{\partial \mu} = -\frac{1}{Z_G{}^2}\frac{\partial Z_G}{\partial \mu}\sum N\exp\left\{-\beta(E-\mu N)\right\} + \beta<N^2>$$

となる。つぎに

$$Z_G = \sum \exp\left\{-\beta(E-\mu N)\right\}$$

から

$$\frac{\partial Z_G}{\partial \mu} = \sum \beta N\exp\left\{-\beta(E-\mu N)\right\}$$

よって

$$\frac{1}{Z_G}\frac{\partial Z_G}{\partial \mu} = \frac{1}{Z_G}\sum \beta N\exp\left\{-\beta(E-\mu N)\right\} = \beta<N>$$

となるので

$$\frac{\partial <N>}{\partial \mu} = \beta\left(<N^2> - <N>^2\right)$$

となる。

したがって、粒子数のゆらぎは

$$< N^2 > - < N >^2 = \frac{1}{\beta} \frac{\partial < N >}{\partial \mu} = k_{\mathrm{B}} T \frac{\partial < N >}{\partial \mu}$$

となる。

演習 5-8　単原子分子からなる理想気体の粒子数のゆらぎを求めよ。

解）　理想気体の平均粒子数は

$$< N > = \frac{V \left(2\pi m k_{\mathrm{B}} T \right)^{\frac{3}{2}}}{h^3} \exp\left(\frac{\mu}{k_{\mathrm{B}} T} \right)$$

であった。したがって

$$< N^2 > - < N >^2 = k_{\mathrm{B}} T \frac{\partial < N >}{\partial \mu} = \frac{k_{\mathrm{B}} T}{k_{\mathrm{B}} T} \frac{V \left(2\pi m k_{\mathrm{B}} T \right)^{\frac{3}{2}}}{h^3} \exp\left(\frac{\mu}{k_{\mathrm{B}} T} \right)$$

$$= \frac{V \left(2\pi m k_{\mathrm{B}} T \right)^{\frac{3}{2}}}{h^3} \exp\left(\frac{\mu}{k_{\mathrm{B}} T} \right)$$

となる。

　演習の結果をよく見てみよう。最後の式の右辺は、まさに $< N >$ である。つまり、理想気体では

$$< N^2 > - < N >^2 = < N >$$

となるのである。

　したがって、ゆらぎの幅は

$$\sqrt{< N^2 > - < N >^2} = \sqrt{< N >}$$

程度となる。

　N をアボガドロ数の 6×10^{23} 程度とすると

$$\sqrt{< N >} \cong 8 \times 10^{11}$$

となる。

　よって、ゆらぎの大きさは、もとの粒子数 6×10^{23} の 10^{-12} 程度となり、ほとんど無視できる大きさとなることがわかる。

5.5.　グランドポテンシャル

　グランドカノニカル集団の解析においては、つぎの熱力学関数を導入すると便利である。通常は J で表記し

$$J = F - \mu N$$

と定義され、**グランドポテンシャル** (grand potential) と呼んでいるが、自由エネルギーの一種とも考えられる。教科書によっては、**熱力学ポテンシャル** (thermodynamic potential) と呼ぶこともある。あるいは、このような熱力学関数を導入しないで、解析を進める場合もある。

　実は、グランドポテンシャルは、ヘルムホルツの自由エネルギー F にルジャンドル変換を施したものなのである。

　グランドポテンシャル J の全微分をとると

$$dJ = dF - \mu dN - N d\mu$$

となる。ヘルムホルツの自由エネルギーは

$$dF = -SdT - PdV + \mu dN$$

であったので

$$dJ = -SdT - PdV - N d\mu$$

となり、ルジャンドル変換によって、変数が N から μ に変換されている。これが、グランドポテンシャル J の全微分形であり、J の自然な変数は、T, V, μ となる。つまり

$$J = J(T, V, \mu)$$

となる。ポテンシャルと呼ばれる理由は、後ほど示すように大分配関数 Z_G と

$$Z_G = \exp\left(-\frac{J}{k_B T}\right)$$

という関係にあるからである。右辺はボルツマン因子そのものであるが、このエネルギーに相当する部分に J が入る。両辺の対数をとって

$$J = -k_B T \ln Z_G$$

という式を使う場合も多い。

ここで、$J = J(T, V, \mu)$ の全微分は

$$dJ = \frac{\partial J}{\partial T}dT + \frac{\partial J}{\partial V}dV + \frac{\partial J}{\partial \mu}d\mu$$

となる。

$$dJ = -SdT - PdV - Nd\mu$$

と係数を対応させると

$$S = -\left(\frac{\partial J}{\partial T}\right)_{V,\mu} \qquad P = -\left(\frac{\partial J}{\partial V}\right)_{T,\mu} \qquad N = -\left(\frac{\partial J}{\partial \mu}\right)_{V,T}$$

という関係が得られる。

このように、グランドポテンシャルを利用すると、いろいろな熱力学関数や変数を求めることができる。

演習 5-9　大分配関数 Z_G とグランドポテンシャル J の間に、$J = -k_{\mathrm{B}}T \ln Z_G$ という関係が成立することを確かめよ。

解)　系の粒子数と大分配関数の関係は

$$N = k_{\mathrm{B}}T \frac{\partial}{\partial \mu}(\ln Z_G)$$

であった。いま求めた関係である

$$N = -\left(\frac{\partial J}{\partial \mu}\right)_{V,T}$$

と比較すると

$$N = k_{\mathrm{B}}T \frac{\partial}{\partial \mu}(\ln Z_G) = \frac{\partial}{\partial \mu}(k_{\mathrm{B}}T \ln Z_G)$$

として

$$J = -k_{\mathrm{B}}T \ln Z_G$$

という関係にあることがわかる。

演習 5-10　グランドカノニカル集団におけるエントロピーと大分配関数との関係を求めよ。

解）　グランドポテンシャル

$$J = -k_B T \ln Z_G$$

を利用する。

$$S = -\left(\frac{\partial J}{\partial T}\right)_{V,\mu}$$

であるから

$$S = -k_B \ln Z_G - k_B T \frac{\partial}{\partial T}\left(\ln Z_G\right)$$

となる。

演習 5-11　ギブス・デューヘムの式を利用することで、グランドポテンシャル J が $J = -PV$ と与えられることを示せ。

解）　ギブス・デューヘムの式は

$$VdP = SdT + Nd\mu$$

であった。ここで

$$dJ = -SdT - PdV - Nd\mu$$

から

$$dJ = -PdV - VdP = -d(PV)$$

となる。したがって

$$J = -PV$$

となる。

このように、グランドポテンシャル J は、PV に負の符号をつけたものとなるのである。PV はエネルギーの次元をもった示量変数である。よって、J も、エネルギーの次元を持った示量変数となる。

　グランドカノニカル分布については、いろいろな応用例が考えられるが、それ

が大きな威力を発揮するのが、次章以降で紹介する**量子統計** (quantum statistics)である。

　現代工学にとって重要な金属内や半導体中の電子の挙動や、超伝導現象などは、量子統計によって解析する必要がある。特に、電子は統計力学から見ると、とても特異なミクロ粒子なのである。それは、ひとつのエネルギー状態（エネルギー準位）を、1 個の粒子しか占めることができないという特異性である。これを**パウリの排他律** (Pauli exclusion principle) と呼んでいる。 そのような粒子が、固体物性という観点から、どのような特徴を示すのかを、次章で紹介していく。

第6章 量子統計

本章では、グランドカノニカル分布の手法を用いて、**量子統計力学** (quantum mechanical statistics) を導入する。

量子統計では、電子などのミクロ粒子を対象とするが、統計的処理においては、電子1個1個を区別することができない。これが基本である。実は、電子だけではなく、量子力学が扱うミクロ粒子は、すべて区別することができない。これを**不可弁別性** (indistinguishability) と呼んでいる。

また、量子力学の対象となるミクロ粒子には**ボーズ粒子** (Bose particle) と**フェルミ粒子** (Fermi particle) の2種類がある。英語名をそのままに、**ボゾン** (Boson) と**フェルミオン** (Fermion)と呼ぶことも多い。

ボーズ粒子は、ひとつのエネルギー量子状態を、何個でも占有することができる。一方、フェルミ粒子は、ひとつのエネルギー量子状態を1個の粒子しか占有することができない[13]。これをパウリの排他律と呼んでいる。

以上の条件をもとに、これらミクロ粒子のエネルギー分布について解析していこう。

6.1. フェルミ粒子系の大分配関数

ミクロ粒子がとりうるエネルギー状態を $\varepsilon_1, \varepsilon_2, \varepsilon_3, ..., \varepsilon_j, ...$ とし、これら準位を占める粒子数を $n_1, n_2, n_3, ..., n_j, ...$ とする。フェルミ粒子の場合は、n_j としてとりうるのは0か1かのいずれかである。

簡単化のためにエネルギー準位が $\varepsilon_1, \varepsilon_2, \varepsilon_3$ の3個からなるフェルミ粒子系を考え、その大分配関数を求めてみよう。

---

[13] 補遺 6-1 にミクロ粒子の不可弁別性とフェルミ粒子とボーズ粒子の違いについて解説している。

ここで、粒子の分布状態を $(\varepsilon_1, \varepsilon_2, \varepsilon_3)$ に対して (n_1, n_2, n_3) のように、それぞれのエネルギー準位を占める粒子数で表示する手法がある。これを**粒子数表示** (occupation number representation) と呼んでいる[14]。

　この方法で表示すると $N = 0$ の場合には、3 個の準位を占めるフェルミ粒子の個数の組み合わせは

$$(0, 0, 0)$$

しかない。

　$N = 1$ の場合は、3 個のエネルギー準位を占める粒子数の組み合わせは

$$(1, 0, 0) \, (0, 1, 0) \, (0, 0, 1)$$

の 3 通りとなる。

　$N = 2$ の場合は、3 個のエネルギー準位を占める粒子数の組み合わせは

$$(1, 1, 0) \, (0, 1, 1) \, (1, 0, 1)$$

の 3 通りとなる。

　$N = 3$ の場合は、3 個のエネルギー準位を占める粒子数の組み合わせは

$$(1, 1, 1)$$

しかない。

　このように、フェルミ粒子では、ひとつのエネルギー準位を 1 個の粒子しか占有できないので、エネルギー準位が 3 個の場合には、最大でも 3 個のフェルミ粒子しか配置できないことになる。

　それでは、エネルギー準位が 3 個のフェルミ粒子の大分配関数

$$Z_G = \sum \exp\left(-\frac{E_r - \mu N}{k_B T}\right)$$

を実際に求めてみよう。ここでは、N の値で場合分けしていく。そのため、大分配関数を

$$Z_G = \sum \exp\left(\frac{\mu N}{k_B T}\right) \exp\left(-\frac{E_r}{k_B T}\right)$$

と変形しておく。

　まず、$N = 0$ のとき、$E_r = 0$ しかないので

---

[14] 量子力学が対象とする電子などのミクロ粒子は区別ができないため、粒子数表示が有効となる。

$$Z_G(N=0) = \sum \exp\left(\frac{\mu N}{k_B T}\right)\exp\left(-\frac{E_r}{k_B T}\right) = \exp(0)\exp(0) = 1$$

となる。

　つぎに $N=1$ のとき、$E_r = \varepsilon_1, \varepsilon_2, \varepsilon_3$ の場合があり

$$Z_G(N=1) = \sum \exp\left(\frac{\mu N}{k_B T}\right)\exp\left(-\frac{E_r}{k_B T}\right)$$

$$= \exp\left(\frac{\mu}{k_B T}\right)\left\{\exp\left(-\frac{\varepsilon_1}{k_B T}\right) + \exp\left(-\frac{\varepsilon_2}{k_B T}\right) + \exp\left(-\frac{\varepsilon_3}{k_B T}\right)\right\}$$

となる。

　ここで、のちの整理のために $\exp(\mu/k_B T)$ の項をエネルギー項に乗じて

$$Z_G(N=1) = \exp\left(-\frac{\varepsilon_1-\mu}{k_B T}\right) + \exp\left(-\frac{\varepsilon_2-\mu}{k_B T}\right) + \exp\left(-\frac{\varepsilon_3-\mu}{k_B T}\right)$$

としておく。

演習 6-1　エネルギー準位が 3 個からなるフェルミ粒子系において、$N=2$ に対応した大分配関数の成分を求めよ。

　解）　$N=2$ のとき、$E_r = \varepsilon_1+\varepsilon_2, \varepsilon_1+\varepsilon_3, \varepsilon_2+\varepsilon_3$ の場合があり

$$Z_G(N=2) = \sum \exp\left(\frac{\mu N}{k_B T}\right)\exp\left(-\frac{E_r}{k_B T}\right)$$

$$= \exp\left(\frac{2\mu}{k_B T}\right)\left\{\exp\left(-\frac{\varepsilon_1+\varepsilon_2}{k_B T}\right) + \exp\left(-\frac{\varepsilon_1+\varepsilon_3}{k_B T}\right) + \exp-\left(\frac{\varepsilon_2+\varepsilon_3}{k_B T}\right)\right\}$$

となる。

　ここで

$$\exp\left(-\frac{\varepsilon_1+\varepsilon_2}{k_B T}\right) = \exp\left(-\frac{\varepsilon_1}{k_B T}\right)\exp\left(-\frac{\varepsilon_2}{k_B T}\right)$$

という関係にある。さらに、$\exp(2\mu/k_B T)$ の項をエネルギー項に乗じれば

$$Z_G(N=2) = \exp\left(-\frac{\varepsilon_1 - \mu}{k_{\mathrm{B}}T}\right)\exp\left(-\frac{\varepsilon_2 - \mu}{k_{\mathrm{B}}T}\right) + \exp\left(-\frac{\varepsilon_1 - \mu}{k_{\mathrm{B}}T}\right)\exp\left(-\frac{\varepsilon_3 - \mu}{k_{\mathrm{B}}T}\right)$$

$$+ \exp\left(-\frac{\varepsilon_2 - \mu}{k_{\mathrm{B}}T}\right)\exp\left(-\frac{\varepsilon_3 - \mu}{k_{\mathrm{B}}T}\right)$$

とまとめることができる。

演習 6-2　エネルギー準位が 3 個からなるフェルミ粒子系において、$N=3$ に対応した大分配関数の成分を求めよ。

　解）　　$N=3$ の場合 $E_r = \varepsilon_1 + \varepsilon_2 + \varepsilon_3$ しかない。よって

$$Z_G(N=3) = \sum \exp\left(\frac{\mu N}{k_{\mathrm{B}}T}\right)\exp\left(-\frac{E_r}{k_{\mathrm{B}}T}\right) = \exp\left(\frac{3\mu}{k_{\mathrm{B}}T}\right)\left\{\exp\left(-\frac{\varepsilon_1 + \varepsilon_2 + \varepsilon_3}{k_{\mathrm{B}}T}\right)\right\}$$

となる。

$$\exp\left(-\frac{\varepsilon_1 + \varepsilon_2 + \varepsilon_3}{k_{\mathrm{B}}T}\right) = \exp\left(-\frac{\varepsilon_1}{k_{\mathrm{B}}T}\right)\exp\left(-\frac{\varepsilon_2}{k_{\mathrm{B}}T}\right)\exp\left(-\frac{\varepsilon_3}{k_{\mathrm{B}}T}\right)$$

であるので、$\exp(3\mu/k_{\mathrm{B}}T)$ の項を各エネルギー項に乗じれば

$$Z_G(N=3) = \exp\left(-\frac{\varepsilon_1 - \mu}{k_{\mathrm{B}}T}\right)\exp\left(-\frac{\varepsilon_2 - \mu}{k_{\mathrm{B}}T}\right)\exp\left(-\frac{\varepsilon_3 - \mu}{k_{\mathrm{B}}T}\right)$$

となる。

　したがって、エネルギー準位が 3 個のフェルミ粒子系の大分配関数は

$$Z_G = 1 + \exp\left(-\frac{\varepsilon_1 - \mu}{k_{\mathrm{B}}T}\right) + \exp\left(-\frac{\varepsilon_2 - \mu}{k_{\mathrm{B}}T}\right) + \exp\left(-\frac{\varepsilon_3 - \mu}{k_{\mathrm{B}}T}\right)$$

$$+ \exp\left(-\frac{\varepsilon_1 - \mu}{k_{\mathrm{B}}T}\right)\exp\left(-\frac{\varepsilon_2 - \mu}{k_{\mathrm{B}}T}\right) + \exp\left(-\frac{\varepsilon_1 - \mu}{k_{\mathrm{B}}T}\right)\exp\left(-\frac{\varepsilon_3 - \mu}{k_{\mathrm{B}}T}\right) + \exp\left(-\frac{\varepsilon_2 - \mu}{k_{\mathrm{B}}T}\right)\exp\left(-\frac{\varepsilon_3 - \mu}{k_{\mathrm{B}}T}\right)$$

$$+ \exp\left(-\frac{\varepsilon_1 - \mu}{k_{\mathrm{B}}T}\right)\exp\left(-\frac{\varepsilon_2 - \mu}{k_{\mathrm{B}}T}\right)\exp\left(-\frac{\varepsilon_3 - \mu}{k_{\mathrm{B}}T}\right)$$

と与えられることになる。

　これをまとめると

$$Z_G = \left\{1 + \exp\left(-\frac{\varepsilon_1 - \mu}{k_{\mathrm{B}}T}\right)\right\}\left\{1 + \exp\left(-\frac{\varepsilon_2 - \mu}{k_{\mathrm{B}}T}\right)\right\}\left\{1 + \exp\left(-\frac{\varepsilon_3 - \mu}{k_{\mathrm{B}}T}\right)\right\}$$

という積のかたちで表記できる。

いまの関係を総乗記号を使って整理すると

$$Z_G = \prod_{j=1}^{3}\left\{1 + \exp\left(-\frac{\varepsilon_j - \mu}{k_{\mathrm{B}}T}\right)\right\}$$

と表記することができる。

これ以降は、同様に考えればよく、n 準位系では

$$Z_G = \left\{1 + \exp\left(-\frac{\varepsilon_1 - \mu}{k_{\mathrm{B}}T}\right)\right\}\left\{1 + \exp\left(-\frac{\varepsilon_2 - \mu}{k_{\mathrm{B}}T}\right)\right\}\cdots\left\{1 + \exp\left(-\frac{\varepsilon_n - \mu}{k_{\mathrm{B}}T}\right)\right\}$$

となり、フェルミ粒子系の大分配関数の一般式は

$$Z_G = \prod_{j=1}^{n}\left\{1 + \exp\left(-\frac{\varepsilon_j - \mu}{k_{\mathrm{B}}T}\right)\right\}$$

と与えられることになる。

6.2. フェルミ分布

大分配関数が与えられたので、あとは、グランドカノニカル集団の手法にしたがって、いろいろな物理量を求めていけばよいことになる。ここでは、フェルミ粒子系のエネルギー分布に注目する。グランドカノニカル分布における平均粒子数と大分配関数の間には

$$<N> = k_{\mathrm{B}}T\frac{\partial}{\partial \mu}\left(\ln Z_G\right)$$

という関係が成立する。この式をもとにエネルギー分布を求めていこう。

演習 6-3　n 個のエネルギー準位からなるフェルミ粒子系の平均粒子数 $<N>$ を求めよ。

解） 平均粒子数は

$$< N >= k_\mathrm{B}T\frac{\partial}{\partial\mu}\bigl(\ln Z_G\bigr)$$

と与えられる。ここで大分配関数は

$$Z_G = \prod_{j=1}^{n}\left\{1 + \exp\left(-\frac{\varepsilon_j - \mu}{k_\mathrm{B}T}\right)\right\}$$

$$=\left\{1 + \exp\left(-\frac{\varepsilon_1 - \mu}{k_\mathrm{B}T}\right)\right\}\left\{1 + \exp\left(-\frac{\varepsilon_2 - \mu}{k_\mathrm{B}T}\right)\right\}\cdots\left\{1 + \exp\left(-\frac{\varepsilon_n - \mu}{k_\mathrm{B}T}\right)\right\}$$

であるので、その自然対数は

$$\ln Z_G = \ln\left\{1 + \exp\left(-\frac{\varepsilon_1 - \mu}{k_\mathrm{B}T}\right)\right\} + \ln\left\{1 + \exp\left(-\frac{\varepsilon_2 - \mu}{k_\mathrm{B}T}\right)\right\} + ... + \ln\left\{1 + \exp\left(-\frac{\varepsilon_n - \mu}{k_\mathrm{B}T}\right)\right\}$$

という和になる。したがって

$$\frac{\partial}{\partial\mu}\bigl(\ln Z_G\bigr) = \frac{\partial}{\partial\mu}\ln\left\{1 + \exp\left(-\frac{\varepsilon_1 - \mu}{k_\mathrm{B}T}\right)\right\} + ... + \frac{\partial}{\partial\mu}\ln\left\{1 + \exp\left(-\frac{\varepsilon_n - \mu}{k_\mathrm{B}T}\right)\right\}$$

となる。ここで

$$\frac{\partial}{\partial\mu}\ln\left\{1 + \exp\left(-\frac{\varepsilon_n - \mu}{k_\mathrm{B}T}\right)\right\} = \frac{\dfrac{1}{k_\mathrm{B}T}\exp\left(-\dfrac{\varepsilon_n - \mu}{k_\mathrm{B}T}\right)}{1 + \exp\left(-\dfrac{\varepsilon_n - \mu}{k_\mathrm{B}T}\right)}$$

と与えられるので

$$< N >= k_\mathrm{B}T\frac{\partial}{\partial\mu}\bigl(\ln Z_G\bigr) = \frac{\exp\left(-\dfrac{\varepsilon_1 - \mu}{k_\mathrm{B}T}\right)}{1 + \exp\left(-\dfrac{\varepsilon_1 - \mu}{k_\mathrm{B}T}\right)} + ... + \frac{\exp\left(-\dfrac{\varepsilon_n - \mu}{k_\mathrm{B}T}\right)}{1 + \exp\left(-\dfrac{\varepsilon_n - \mu}{k_\mathrm{B}T}\right)}$$

分子分母に $\exp\left(\dfrac{\varepsilon_n - \mu}{k_\mathrm{B}T}\right)$ $(n = 1, 2, ...)$ を乗じれば

$$<N> = \cfrac{1}{\exp\left(\cfrac{\varepsilon_1 - \mu}{k_{\mathrm{B}}T}\right)+1} + \cfrac{1}{\exp\left(\cfrac{\varepsilon_2 - \mu}{k_{\mathrm{B}}T}\right)+1} + ... + \cfrac{1}{\exp\left(\cfrac{\varepsilon_n - \mu}{k_{\mathrm{B}}T}\right)+1}$$

$$= \sum_{j=1}^{n} \cfrac{1}{\exp\left(\cfrac{\varepsilon_j - \mu}{k_{\mathrm{B}}T}\right)+1}$$

となる。

この結果から、ε_j 準位にある粒子数は

$$N_j = \cfrac{1}{\exp\left(\cfrac{\varepsilon_j - \mu}{k_{\mathrm{B}}T}\right)+1}$$

となることがわかる。このような粒子のエネルギー分布を**フェルミ分布** (Fermi distribution) と呼んでいる。

このときの系のエネルギーは

$$E_r = N_1\varepsilon_1 + N_2\varepsilon_2 + ... + N_j\varepsilon_j + ... + N_n\varepsilon_n = \sum_{j=1}^{n} N_j\varepsilon_j$$

$$= \sum_{j=1}^{n} \cfrac{\varepsilon_j}{\exp\left(\cfrac{\varepsilon_j - \mu}{k_{\mathrm{B}}T}\right)+1}$$

と与えられる。

演習 6-4 絶対零度 $T = 0$ [K] におけるフェルミ分布のかたちを求めよ。

解) 簡単化のため、ε_j の添え字の j は省略して展開する。そして、$\varepsilon < \mu$ と $\varepsilon > \mu$ に場合分けしてみよう.

まず、$\varepsilon < \mu$ のとき

$$\exp\left(\frac{\varepsilon - \mu}{k_{\mathrm{B}}T}\right) \quad \text{において} \quad \frac{\varepsilon - \mu}{k_{\mathrm{B}}T} < 0$$

となる。

よって、$T \to 0$ のとき

$$\frac{\varepsilon - \mu}{k_{\mathrm{B}} T} \to -\infty$$

となるので

$$\exp\left(\frac{\varepsilon - \mu}{k_{\mathrm{B}} T}\right) \to 0$$

から

$$N = \frac{1}{\exp\left(\dfrac{\varepsilon - \mu}{k_{\mathrm{B}} T}\right) + 1} \to 1$$

となる。つまり、$\varepsilon < \mu$ の場合には、絶対零度では、すべてのエネルギー準位に粒子が 1 個存在することになる。

一方、$\varepsilon > \mu$ のときは、$T \to 0$ のとき

$$\exp\left(\frac{\varepsilon - \mu}{k_{\mathrm{B}} T}\right) \to \infty$$

から

$$N = \frac{1}{\exp\left(\dfrac{\varepsilon - \mu}{k_{\mathrm{B}} T}\right) + 1} \to 0$$

となり、$\varepsilon > \mu$ のエネルギー準位には粒子は存在しないことになる。したがって、絶対零度におけるフェルミ分布は、図 6-1 のようになる。

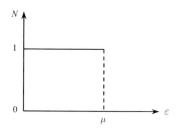

図 6-1　絶対零度 ($T = 0$ [K]) におけるフェルミ分布

すなわち、$\varepsilon < \mu$ の量子状態の占有率は 1 となり、$\varepsilon > \mu$ のそれは 0 となるス

テップ関数となる。

　つまり、図 6-2 に示すように、フェルミ粒子では μ までのエネルギー準位は
すべて占有されているが、μ よりも大きいエネルギー準位は空となっているので
ある。これを**フェルミ縮退** (Fermi degeneracy) と呼ぶ。

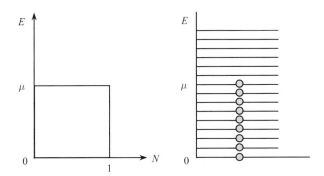

図 6-2　フェルミ粒子のエネルギー占有状態

　その結果、フェルミ粒子系では、絶対零度であっても、かなり高いエネルギー
をミクロ粒子が有することになる。
　それでは、有限の温度 $T > 0$ [K] になったときに、この分布はどのように変化
するのであろうか。
　まず、$\varepsilon = \mu$ のとき

$$N = \frac{1}{\exp\left(\dfrac{\varepsilon - \mu}{k_{\mathrm{B}}T}\right) + 1} = \frac{1}{e^0 + 1} = \frac{1}{2}$$

となる。
　この値は、温度 T に依存せずに、常に 1/2 となるので、すべての分布曲線が、
この点を通ることになる。

演習 6-5　温度の効果を調べるために、常温である $T=300$ [K] 程度のフェルミ分布を求めよ。

　解）　ボルツマン定数は

$$k_B = 1.38 \times 10^{-23} \text{ [J/K]}$$

であるから

$$k_B T = 1.38 \times 10^{-23} \times 300 = 4.14 \times 10^{-21} \text{ [J]}$$

程度となる。

　したがって

$$\frac{1}{k_B T} \cong 2.4 \times 10^{20} \text{ [J}^{-1}\text{]}$$

となり

$$\exp\left(\frac{\varepsilon - \mu}{k_B T}\right) = \exp\left\{2.4 \times 10^{20}(\varepsilon - \mu)\right\}$$

となる。

　$\varepsilon < \mu$ の領域では $\varepsilon - \mu < 0$ であるから、正の値となる $\mu - \varepsilon$ を使うと

$$\exp\left(\frac{\varepsilon - \mu}{k_B T}\right) = \frac{1}{\exp\left\{2.4 \times 10^{20}(\mu - \varepsilon)\right\}}$$

となる。分母にある係数は巨大であるから、$\mu - \varepsilon$ の値が 10^{-20} 程度と小さくない限り、ほぼ 0 となる。

　つまり、$T = 300$ K であってもフェルミ分布は、絶対零度の分布とほとんど変わらないことを意味している。それでは、どの程度の範囲が影響を受けるのであろうか。例として

$$\varepsilon = \mu - k_B T$$

を考えてみる。すると

$$\exp\left(\frac{\varepsilon - \mu}{k_B T}\right) = \exp\left(\frac{\mu - k_B T - \mu}{k_B T}\right) = \exp(-1) = \frac{1}{e} \cong 0.37$$

となり

$$N = \cfrac{1}{\exp\left(\cfrac{\varepsilon - \mu}{k_{\mathrm{B}}T}\right) + 1} = \frac{1}{0.37 + 1} \cong 0.73$$

となって、フェルミ分布が影響を受ける。しかし

$$\varepsilon = \mu - 10 k_{\mathrm{B}}T$$

とすると

$$\exp\left(\frac{\varepsilon - \mu}{k_{\mathrm{B}}T}\right) = \exp(-10) = \frac{1}{e^{10}} \cong 4.8 \times 10^{-5}$$

から

$$N = \cfrac{1}{\exp\left(\cfrac{\varepsilon - \mu}{k_{\mathrm{B}}T}\right) + 1} = \frac{1}{4.8 \times 10^{-5} + 1} \cong 1$$

となり、フェルミ分布は影響をほとんど受けない。

　このように、μ からわずか

$$10 k_{\mathrm{B}}T \cong 4.2 \times 10^{-20} \text{ [J]}$$

だけ離れたところで影響はほぼ 0 となるのである。

　これは $\varepsilon > \mu$ の領域でも同様であり、有限温度がフェルミ分布に及ぼす影響は、μ 近傍の非常にせまい領域（$k_{\mathrm{B}}T$ 程度の幅）に限られるということを示している。したがって、有限温度におけるフェルミ分布は、図 6-3 のようになる。

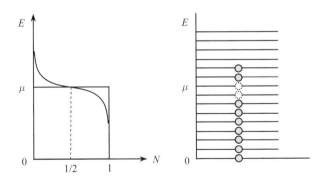

図 6-3　有限温度におけるフェルミ分布

この図では、温度の影響をかなり誇張して描いているが、実際のグラフでは、絶対零度の分布とほとんど見分けがつかない程度であるということに注意すべきであろう。ちなみに、金属の μ は

$$\mu \cong 10^{-18} \,[\mathrm{J}]$$

程度であることが知られている。

この値は、小さいと感じられるかもしれないが、ボルツマン定数は $k_{\mathrm{B}} = 1.38 \times 10^{-23}$ [J/K] であるから、温度に換算すると

$$T = \frac{\mu}{k_{\mathrm{B}}} \cong 72500 \,[\mathrm{K}]$$

となり、とてつもない高温になる。μ は金属の自由電子が絶対零度で有する最大エネルギーであり、**フェルミエネルギー** (Fermi energy) とも呼ばれ、E_{F} と表記する。

6.3. ボーズ粒子系の大分配関数

つぎに、ボーズ粒子について考えてみよう。エネルギー準位である $\varepsilon_1, \varepsilon_2, \varepsilon_3, ..., \varepsilon_j, ...$ にある粒子数を $n_1, n_2, n_3, ..., n_j, ...$ とすると、ボーズ粒子の場合は、n_j としてとりうるのは 0 から ∞ までである。

それでは、簡単化のためにエネルギー準位が $\varepsilon_1, \varepsilon_2$ の 2 個の場合を考えて、ボーズ粒子系の大分配関数を求めてみよう。

$N=0$ の場合には、2 個の準位を占める粒子の個数の組み合わせは

$$(0, 0)$$

しかない。

$N=1$ の場合には、2 個のエネルギー準位を占める粒子数の組み合わせは

$$(1, 0) \,(0, 1)$$

の 2 通りとなる。

$N=2$ の場合には、2 個のエネルギー準位を占める粒子数の組み合わせは

$$(1, 1) \,(2, 0) \,(0, 2)$$

の 3 通りとなる。

$N=3$ の場合には、2 個のエネルギー準位を占める粒子数の組み合わせは

$$(2, 1) \,(1, 2) \,(3, 0) \,(0, 3)$$

の 4 通りとなる。

　$N=4$ の場合には、2 個のエネルギー準位を占める粒子数の組み合わせは

$$(1, 3)\,(2, 2)\,(3, 1)\,(4, 0)\,(0, 4)$$

の 5 通りとなる。

　これ以降は、粒子数の増加とともに量子状態の数も急激に増えていく。このように、フェルミ粒子の場合と異なり、ボーズ粒子では、エネルギー準位が 2 個しかない場合でも、いくらでも N の数は増えていくことになる。

　以上を踏まえて、エネルギー準位が 2 個の場合のボーズ粒子の大分配関数

$$Z_G = \sum \exp\left(-\frac{E_r - \mu N}{k_\mathrm{B}T}\right) = \sum \exp\left(\frac{\mu N}{k_\mathrm{B}T}\right)\exp\left(-\frac{E_r}{k_\mathrm{B}T}\right)$$

を求めてみよう。ここでも、N の値で場合分けしていく。

　まず、$N=0$ のとき、$E_r=0$ しかないので

$$Z_G(N=0) = \exp(0)\exp(0) = 1$$

$N=1$ のとき、$E_r = \varepsilon_1, \varepsilon_2$ の場合があり

$$Z_G(N=1) = \exp\left(\frac{\mu}{k_\mathrm{B}T}\right)\left\{\exp\left(-\frac{\varepsilon_1}{k_\mathrm{B}T}\right) + \exp\left(-\frac{\varepsilon_2}{k_\mathrm{B}T}\right)\right\} = \exp\left(-\frac{\varepsilon_1 - \mu}{k_\mathrm{B}T}\right) + \exp\left(-\frac{\varepsilon_2 - \mu}{k_\mathrm{B}T}\right)$$

となる。

演習 6-6　エネルギー準位が 2 個のボーズ粒子系において、$N=2$ に対応した大分配関数の成分を求めよ。

　解）　$N=2$ のとき、系のエネルギーは

$$E_r = \varepsilon_1 + \varepsilon_2,\ 2\varepsilon_1,\ 2\varepsilon_2$$

の場合が考えられる。

　よって、$N=2$ に対応した大分配関数の成分は

$$Z_G(N=2) = \exp\left(\frac{2\mu}{k_\mathrm{B}T}\right)\left\{\exp\left(-\frac{\varepsilon_1 + \varepsilon_2}{k_\mathrm{B}T}\right) + \exp\left(-\frac{2\varepsilon_1}{k_\mathrm{B}T}\right) + \exp\left(-\frac{2\varepsilon_2}{k_\mathrm{B}T}\right)\right\}$$

となる。ここで

$$\exp\left(-\frac{\varepsilon_1+\varepsilon_2}{k_{\mathrm{B}}T}\right)=\exp\left(-\frac{\varepsilon_1}{k_{\mathrm{B}}T}\right)\exp\left(-\frac{\varepsilon_2}{k_{\mathrm{B}}T}\right)$$

と分解できる。さらに

$$\exp\left(\frac{2\mu}{k_{\mathrm{B}}T}\right)\exp\left(-\frac{2\varepsilon_1}{k_{\mathrm{B}}T}\right)=\left\{\exp\left(-\frac{\varepsilon_1-\mu}{k_{\mathrm{B}}T}\right)\right\}^2$$

ならびに

$$\exp\left(\frac{2\mu}{k_{\mathrm{B}}T}\right)\exp\left(-\frac{\varepsilon_1+\varepsilon_2}{k_{\mathrm{B}}T}\right)=\exp\left(-\frac{\varepsilon_1-\mu}{k_{\mathrm{B}}T}\right)\exp\left(-\frac{\varepsilon_1-\mu}{k_{\mathrm{B}}T}\right)$$

と置けるから

$$Z_G\ (N{=}2)=\exp\left(-\frac{\varepsilon_1-\mu}{k_{\mathrm{B}}T}\right)\exp\left(-\frac{\varepsilon_2-\mu}{k_{\mathrm{B}}T}\right)+\left\{\exp\left(-\frac{\varepsilon_1-\mu}{k_{\mathrm{B}}T}\right)\right\}^2+\left\{\exp\left(-\frac{\varepsilon_2-\mu}{k_{\mathrm{B}}T}\right)\right\}^2$$

となる。

演習 6-7　エネルギー準位が 2 個のボーズ粒子系において、$N{=}3$ に対応した大分配関数の成分を求めよ。

　解）　　$N{=}3$ のとき、系のエネルギーE_r は
$$E_r=2\varepsilon_1+\varepsilon_2\ ,\ \ \varepsilon_1+2\varepsilon_2\ ,\ \ 3\varepsilon_1\ ,\ \ 3\varepsilon_2$$
の場合が考えられる。

　よって、$N{=}3$ に対応した大分配関数の成分は

$$Z_G\ (N{=}3)=\exp\left(\frac{3\mu}{k_{\mathrm{B}}T}\right)\left\{\exp\left(-\frac{2\varepsilon_1+\varepsilon_2}{k_{\mathrm{B}}T}\right)+\exp\left(-\frac{\varepsilon_1+2\varepsilon_2}{k_{\mathrm{B}}T}\right)+\exp\left(-\frac{3\varepsilon_1}{k_{\mathrm{B}}T}\right)+\exp\left(-\frac{3\varepsilon_2}{k_{\mathrm{B}}T}\right)\right\}$$

となり、$N{=}2$ の場合と同様の整理を行えば

$$Z_G\ (N{=}3)=\left\{\exp\left(-\frac{\varepsilon_1-\mu}{k_{\mathrm{B}}T}\right)\right\}^2\exp\left(-\frac{\varepsilon_2-\mu}{k_{\mathrm{B}}T}\right)+\exp\left(-\frac{\varepsilon_1-\mu}{k_{\mathrm{B}}T}\right)\left\{\exp\left(-\frac{\varepsilon_2-\mu}{k_{\mathrm{B}}T}\right)\right\}^2$$

$$+\left\{\exp\left(-\frac{\varepsilon_1-\mu}{k_\mathrm{B}T}\right)\right\}^3+\left\{\exp\left(-\frac{\varepsilon_2-\mu}{k_\mathrm{B}T}\right)\right\}^3$$

となる。

これ以降も、$N\to\infty$ まで同様の展開が続いていくことになる。したがって、エネルギー準位が 2 個のボーズ粒子系の大分配関数は

$$Z_G=1+\exp\left(-\frac{\varepsilon_1-\mu}{k_\mathrm{B}T}\right)+\exp\left(-\frac{\varepsilon_2-\mu}{k_\mathrm{B}T}\right)$$

$$+\exp\left(-\frac{\varepsilon_1-\mu}{k_\mathrm{B}T}\right)\exp\left(-\frac{\varepsilon_2-\mu}{k_\mathrm{B}T}\right)+\left\{\exp\left(-\frac{\varepsilon_1-\mu}{k_\mathrm{B}T}\right)\right\}^2+\left\{\exp\left(-\frac{\varepsilon_2-\mu}{k_\mathrm{B}T}\right)\right\}^2$$

$$+\left\{\exp\left(-\frac{\varepsilon_1-\mu}{k_\mathrm{B}T}\right)\right\}^2\exp\left(-\frac{\varepsilon_2-\mu}{k_\mathrm{B}T}\right)+\exp\left(-\frac{\varepsilon_1-\mu}{k_\mathrm{B}T}\right)\left\{\exp\left(-\frac{\varepsilon_2-\mu}{k_\mathrm{B}T}\right)\right\}^2$$

$$+\left\{\exp\left(-\frac{\varepsilon_1-\mu}{k_\mathrm{B}T}\right)\right\}^3+\left\{\exp\left(-\frac{\varepsilon_2-\mu}{k_\mathrm{B}T}\right)\right\}^3+\ldots$$

となる。

$N=3$ までで、これだけの長い式になるのであるが、実は、これら式はすっきりまとめることができる。それは

$$Z_G=\left\{1+\exp\left(-\frac{\varepsilon_1-\mu}{k_\mathrm{B}T}\right)+\left\{\exp\left(-\frac{\varepsilon_1-\mu}{k_\mathrm{B}T}\right)\right\}^2+\left\{\exp\left(-\frac{\varepsilon_1-\mu}{k_\mathrm{B}T}\right)\right\}^3+\ldots\right\}\times$$

$$\left\{1+\exp\left(-\frac{\varepsilon_2-\mu}{k_\mathrm{B}T}\right)+\left\{\exp\left(-\frac{\varepsilon_2-\mu}{k_\mathrm{B}T}\right)\right\}^2+\left\{\exp\left(-\frac{\varepsilon_2-\mu}{k_\mathrm{B}T}\right)\right\}^3+\ldots\right\}$$

という積のかたちである。

シグマ記号を使えば

$$Z_G = \left\{ \sum_{\ell=0}^{\infty} \exp\left(-\frac{\varepsilon_1 - \mu}{k_{\mathrm{B}}T}\right)^{\ell} \right\} \left\{ \sum_{\ell=0}^{\infty} \exp\left(-\frac{\varepsilon_2 - \mu}{k_{\mathrm{B}}T}\right)^{\ell} \right\}$$

という積となる。

この結果から、3 準位系では

$$Z_G = \left\{ \sum_{\ell=0}^{\infty} \exp\left(-\frac{\varepsilon_1 - \mu}{k_{\mathrm{B}}T}\right)^{\ell} \right\} \left\{ \sum_{\ell=0}^{\infty} \exp\left(-\frac{\varepsilon_2 - \mu}{k_{\mathrm{B}}T}\right)^{\ell} \right\} \left\{ \sum_{\ell=0}^{\infty} \exp\left(-\frac{\varepsilon_3 - \mu}{k_{\mathrm{B}}T}\right)^{\ell} \right\}$$

となることが予想される。

実際に 2 準位系と同様の計算を進めれば、上記関係が得られることが確かめられる。よって、n 準位系では

$$Z_G = \left\{ \sum_{\ell=0}^{\infty} \exp\left(-\frac{\varepsilon_1 - \mu}{k_{\mathrm{B}}T}\right)^{\ell} \right\} \left\{ \sum_{\ell=0}^{\infty} \exp\left(-\frac{\varepsilon_2 - \mu}{k_{\mathrm{B}}T}\right)^{\ell} \right\} \cdots \left\{ \sum_{\ell=0}^{\infty} \exp\left(-\frac{\varepsilon_n - \mu}{k_{\mathrm{B}}T}\right)^{\ell} \right\}$$

となる。

演習 6-8 ε_1 に対応した項である

$$1 + \exp\left(-\frac{\varepsilon_1 - \mu}{k_{\mathrm{B}}T}\right) + \left\{ \exp\left(-\frac{\varepsilon_1 - \mu}{k_{\mathrm{B}}T}\right) \right\}^2 + \left\{ \exp\left(-\frac{\varepsilon_1 - \mu}{k_{\mathrm{B}}T}\right) \right\}^3 + \cdots$$

を計算せよ。

解） これは、初項が 1 で公比が

$$\exp\left(-\frac{\varepsilon_1 - \mu}{k_{\mathrm{B}}T}\right)$$

の**無限等比級数** (infinite geometric series) の和となっている。したがって

$$\exp\left(-\frac{\varepsilon_1 - \mu}{k_{\mathrm{B}}T}\right) < 1$$

のとき、無限等比級数の和は収束し

$$1 + \exp\left(-\frac{\varepsilon_1 - \mu}{k_B T}\right) + \left\{\exp\left(-\frac{\varepsilon_1 - \mu}{k_B T}\right)\right\}^2 + \left\{\exp\left(-\frac{\varepsilon_1 - \mu}{k_B T}\right)\right\}^3 + \ldots$$

$$= \frac{1}{1 - \exp\left(-\frac{\varepsilon_1 - \mu}{k_B T}\right)}$$

となる。

つまり

$$\exp\left(-\frac{\varepsilon_1 - \mu}{k_B T}\right) < 1$$

でなければ発散してしまうので、ボーズ粒子には、この条件が課されることになる。これは

$$\varepsilon_1 > \mu$$

という条件となる。もちろん、この条件は、$\varepsilon_2, \varepsilon_3, \ldots$ すべてに適用されることになる。

よって、ボーズ粒子の大分配関数は

$$Z_G = \left\{\frac{1}{1 - \exp\left(-\frac{\varepsilon_1 - \mu}{k_B T}\right)}\right\} \left\{\frac{1}{1 - \exp\left(-\frac{\varepsilon_2 - \mu}{k_B T}\right)}\right\} \cdots \left\{\frac{1}{1 - \exp\left(-\frac{\varepsilon_n - \mu}{k_B T}\right)}\right\}$$

と与えられることになる。

総乗記号を使えば

$$Z_G = \prod_{j=1}^{n} \frac{1}{1 - \exp\left(-\frac{\varepsilon_j - \mu}{k_B T}\right)}$$

となる。

6.4.　ボーズ分布

大分配関数が与えられたので、あとは、グランドカノニカルの手法にしたがっ

て、いろいろな物理量を求めていけばよいことになる。ここでは、フェルミ粒子系と同様に、粒子数に注目する。

演習 6-9 つぎの式を利用して、ボーズ粒子のエネルギー分布を求めよ。

$$< N >= k_{\mathrm{B}}T \frac{\partial}{\partial \mu}\left(\ln Z_G\right)$$

解) ボーズ粒子の大分配関数は

$$Z_G = \prod_{j=1}^{n} \frac{1}{1-\exp\left(-\dfrac{\varepsilon_j - \mu}{k_{\mathrm{B}}T}\right)}$$

であるから、その自然対数は

$$\ln Z_G = -\sum_{j=1}^{n} \ln\left\{1-\exp\left(-\frac{\varepsilon_j - \mu}{k_{\mathrm{B}}T}\right)\right\}$$

となる。よって

$$\frac{\partial}{\partial \mu}\left(\ln Z_G\right) = -\frac{\partial}{\partial \mu}\left[\ln\left\{1-\exp\left(-\frac{\varepsilon_1 - \mu}{k_{\mathrm{B}}T}\right)\right\}\right] - \cdots - \frac{\partial}{\partial \mu}\left[\ln\left\{1-\exp\left(-\frac{\varepsilon_n - \mu}{k_{\mathrm{B}}T}\right)\right\}\right]$$

となるが、j 成分に注目すると

$$\frac{\partial}{\partial \mu}\left(\ln Z_G\right)_j = \frac{1}{k_{\mathrm{B}}T}\left\{\frac{\exp\left(-\dfrac{\varepsilon_j - \mu}{k_{\mathrm{B}}T}\right)}{1-\exp\left(-\dfrac{\varepsilon_j - \mu}{k_{\mathrm{B}}T}\right)}\right\}$$

となるから

$$< N >= k_{\mathrm{B}}T \frac{\partial}{\partial \mu}\left(\ln Z_G\right) = \frac{\exp\left(-\dfrac{\varepsilon_1 - \mu}{k_{\mathrm{B}}T}\right)}{1-\exp\left(-\dfrac{\varepsilon_1 - \mu}{k_{\mathrm{B}}T}\right)} + ... + \frac{\exp\left(-\dfrac{\varepsilon_n - \mu}{k_{\mathrm{B}}T}\right)}{1-\exp\left(-\dfrac{\varepsilon_n - \mu}{k_{\mathrm{B}}T}\right)}$$

となる。各成分の分子分母に $\exp\left(\dfrac{\varepsilon_n - \mu}{k_{\mathrm{B}}T}\right)$ $(n = 1, 2, ...)$ を乗じれば

$$< N >= \frac{1}{\exp\left(\dfrac{\varepsilon_1 - \mu}{k_{\mathrm{B}}T}\right) - 1} + \frac{1}{\exp\left(\dfrac{\varepsilon_2 - \mu}{k_{\mathrm{B}}T}\right) - 1} + ... + \frac{1}{\exp\left(\dfrac{\varepsilon_n - \mu}{k_{\mathrm{B}}T}\right) - 1}$$

$$= \sum_{j=1}^{n} \frac{1}{\exp\left(\dfrac{\varepsilon_j - \mu}{k_{\mathrm{B}}T}\right) - 1}$$

となる。

　この結果から

$$N_j = \frac{1}{\exp\left(\dfrac{\varepsilon_j - \mu}{k_{\mathrm{B}}T}\right) - 1}$$

となることがわかる。このような粒子のエネルギー分布を**ボーズ分布** (Bose distribution) と呼んでいる。

　また、このときの系のエネルギーは

$$E_r = N_1\varepsilon_1 + N_2\varepsilon_2 + ... + N_j\varepsilon_j + ... + N_n\varepsilon_n = \sum_{j=1}^{n} N_j\varepsilon_j$$

$$= \sum_{j=1}^{n} \frac{\varepsilon_j}{\exp\left(\dfrac{\varepsilon_j - \mu}{k_{\mathrm{B}}T}\right) - 1}$$

と与えられる。

　さらに、$\varepsilon_1, \varepsilon_2, \varepsilon_3, ..., \varepsilon_j, ...$ をエネルギー準位としたが、1 粒子のエネルギー状態とみなすこともできる。

　よって、1 粒子の分配関数は

$$z_1 = \exp\left(-\frac{\varepsilon_1}{k_{\mathrm{B}}T}\right) + \exp\left(-\frac{\varepsilon_2}{k_{\mathrm{B}}T}\right) + ... + \exp\left(-\frac{\varepsilon_j}{k_{\mathrm{B}}T}\right) + ...$$

と与えられることになることを付記しておく。

　それでは、ボーズ分布がどのようなものか見てみよう。

　まず、条件として

$$\varepsilon > \mu$$

が付加されるのであった。

ところで、ε の最小値は 0 となるから、この関係が常に成立するためには

$$\mu < 0$$

でなければならない。

以上を踏まえたうえで、ボーズ粒子分布のエネルギー依存性を考えてみよう。

$$N(\varepsilon) = \cfrac{1}{\exp\left(\cfrac{\varepsilon - \mu}{k_{\mathrm{B}}T}\right) - 1}$$

と置くと、その ε に関する微分は

$$N'(\varepsilon) = -\frac{1}{k_{\mathrm{B}}T} \cfrac{\exp\left(\cfrac{\varepsilon - \mu}{k_{\mathrm{B}}T}\right)}{\left\{\exp\left(\cfrac{\varepsilon - \mu}{k_{\mathrm{B}}T}\right) - 1\right\}^2} < 0$$

のように負となる。よって、エネルギー上昇とともに粒子数が減少することがわかる。

フェルミ粒子の項でもみたように、$k_{\mathrm{B}}T$ という値は非常に小さい。したがって、$\varepsilon - \mu$ の値が非常に小さくない限り

$$\exp\left(\frac{\varepsilon - \mu}{k_{\mathrm{B}}T}\right) >> 1$$

という関係にある。とすれば

$$N(\varepsilon) = \cfrac{1}{\exp\left(\cfrac{\varepsilon - \mu}{k_{\mathrm{B}}T}\right) - 1} \cong \cfrac{1}{\exp\left(\cfrac{\varepsilon - \mu}{k_{\mathrm{B}}T}\right)} = \exp\left(-\frac{\varepsilon - \mu}{k_{\mathrm{B}}T}\right) = \exp\left(\frac{\mu}{k_{\mathrm{B}}T}\right)\exp\left(-\frac{\varepsilon}{k_{\mathrm{B}}T}\right)$$

$$\propto \exp\left(-\frac{\varepsilon}{k_{\mathrm{B}}T}\right)$$

となり、ボーズ粒子の分布は、まさに、ボルツマン因子となるのである。

6.5. まとめ

フェルミ分布とボーズ分布の表式に関しては

$$N_j = \cfrac{1}{\exp\left(\cfrac{\varepsilon_j - \mu}{k_B T}\right) \pm 1} = \cfrac{1}{\exp\left(\beta(\varepsilon_j - \mu)\right) \pm 1}$$

のように、まとめて表記されている教科書も多い。この場合、＋がフェルミ粒子、
－がボーズ粒子に対応している。

　これら分布は、大分配関数から得られるが、フェルミ粒子とボーズ粒子系の大
分配関数は、それぞれ

$$Z_G = \prod_{j=1}^{n}\left\{1 + \exp\left(-\frac{\varepsilon_j - \mu}{k_B T}\right)\right\} = \prod_{j=1}^{n}\left\{1 + \exp\left(-\beta(\varepsilon_j - \mu)\right)\right\}$$

$$Z_G = \prod_{j=1}^{n}\cfrac{1}{1 - \exp\left(-\cfrac{\varepsilon_j - \mu}{k_B T}\right)} = \prod_{j=1}^{n}\cfrac{1}{1 - \exp\left(-\beta(\varepsilon_j - \mu)\right)}$$

となる。

　ただし、これら大分配関数もグランドカノニカル分布まで遡れば

$$Z_G = \prod_{j=1}^{n}\left\{\sum_{n_j}\exp\left(-\frac{(\varepsilon_j - \mu)n_j}{k_B T}\right)\right\}$$

という共通の表式となる。

　ここで、n_j はエネルギー準位 e_j を占めることのできる粒子数となる。
このとき、フェルミ粒子とボーズ粒子の違いは

$$\begin{cases} n_j = 0, 1 \\ n_j = 0, 1, 2, \ldots, \infty \end{cases}$$

ということになる。

　すると、これら粒子の違いは

$$\sum_{n_j}\exp\left(-\frac{(\varepsilon_j - \mu)n_j}{k_B T}\right)$$

の和をとるときとなる。

　フェルミ粒子では、n_j としては 0 と 1 しかないから

$$\sum_{n_j}\exp\left(-\frac{(\varepsilon_j - \mu)n_j}{k_B T}\right) = \exp\left(-\frac{(\varepsilon_j - \mu)\cdot 0}{k_B T}\right) + \exp\left(-\frac{(\varepsilon_j - \mu)\cdot 1}{k_B T}\right)$$

$$= 1 + \exp\left(-\frac{(\varepsilon_j - \mu)}{k_B T}\right)$$

となる。一方、ボーズ粒子では、n_j は 0 から ∞ まで取りうるから、無限級数の和となり

$$\sum_{n_j} \exp\left(-\frac{(\varepsilon_j - \mu)n_j}{k_B T}\right) = \frac{1}{1 - \exp\left(-\dfrac{(\varepsilon_j - \mu)}{k_B T}\right)}$$

となるのである。

　実は、教科書によっては、このような展開で、フェルミ粒子ならびにボーズ分布を紹介している例も多い。

　最後に、フェルミ粒子とボーズ粒子の実例を紹介しておく。本書では紹介していないが、フェルミ粒子は、スピンが半整数の粒子であり、電子、陽子、中性子などが属している。

　一方、ボーズ粒子は、スピンが整数の粒子であり、水素原子や水素分子、また、光を素粒子とみなしたときの**光子** (photon) などが含まれる。

補遺 6-1　量子力学的粒子

A6.1.　ミクロ粒子の不可弁別性

量子力学が対象とするミクロ粒子を区別することはできない。これを不可弁別性と呼んでいる。なぜ、区別がつかないかは、粒子の波動性で説明されている。古典粒子の場合は、図 A6-1 に示すように 2 個の粒子が近づいて、衝突して離れていった場合、どちらの粒子かが明確に区別できる。

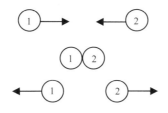

図 A6-1　古典粒子の衝突

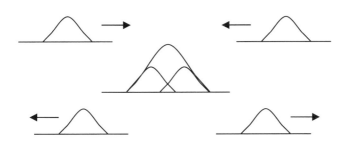

図 A6-2　波動性を有する量子力学的ミクロ粒子の不可弁別性：波の干渉のため、粒子の区別がつかない。

一方、量子力学が対象とするミクロ粒子には波動性がある。このため、図 A6-2 に示すように、粒子の衝突の際に、電子波の干渉が生じる。この結果、衝突後に粒子性が生じたとしても、どちらの粒子であったのかの区別ができないのである。これが不可弁別性である。

A6.2.　フェルミ粒子とボーズ粒子

　量子力学では、ミクロ粒子の状態は波動関数を $\phi(\vec{r})$ によって表現できる。粒子が 2 個ある場合、粒子 1 と 2 の固有値方程式を

$$\hat{H}_1\,\phi_a(\vec{r_1}) = E_1\,\phi_a(\vec{r_1}) \qquad \hat{H}_2\,\phi_b(\vec{r_2}) = E_2\,\phi_b(\vec{r_2})$$

とする。$\hat{H}_1$ と $\hat{H}_2$ は、それぞれの粒子のハミルトニアンであり、E_1 と E_2 はエネルギー固有値である。

　ここで、2 個の粒子の波動関数を考える。すると、それぞれの粒子の位置の関数となるので

$$\phi(\vec{r_1}, \vec{r_2})$$

となる。

　もし、2 個の粒子 1、2 に相互作用がなければ、2 粒子系の波動関数は

$$\phi(\vec{r_1}, \vec{r_2}) = \phi_a(\vec{r_1})\,\phi_b(\vec{r_2})$$

のように、それぞれの粒子の波動関数の積となる。

　また、相互作用のない 2 粒子系のハミルトニアンは

$$\hat{H} = \hat{H}_1 + \hat{H}_2$$

となり、固有値方程式は

$$\hat{H}\,\phi(\vec{r_1}, \vec{r_2}) = (\hat{H}_1 + \hat{H}_2)\ \phi_a(\vec{r_1})\,\phi_b(\vec{r_2}) = \hat{H}_1\,\phi_a(\vec{r_1})\,\phi_b(\vec{r_2}) + \phi_a(\vec{r_1})\,\hat{H}_2\,\phi_b(\vec{r_2})$$

$$= (E_1 + E_2)\,\phi_a(\vec{r_1})\phi_b(\vec{r_2})$$

となる。

　よって、エネルギー固有値は

$$E_1 + E_2$$

となる。つまり、それぞれの粒子のエネルギー固有値の和となる。

　ここで、粒子 1 と 2 を入れかえた波動関数

$$\phi(\vec{r_2}, \vec{r_1}) = \phi_a(\vec{r_2})\,\phi_b(\vec{r_1})$$

を考える。

　この波動関数に 2 粒子系のハミルトニアンを作用させてみよう。ここで、$\hat{H_1}$ は $\vec{r_1}$ を含む波動関数に作用し、その固有値は E_1 となる。同様に、$\hat{H_2}$ は $\vec{r_2}$ を含む波動関数に作用し、その固有値は E_2 となる。

　したがって

$$\hat{H}\,\phi(\vec{r_2}, \vec{r_1}) = (\hat{H_1} + \hat{H_2})\phi_a(\vec{r_2})\phi_b(\vec{r_1}) = \phi_a(\vec{r_2})\hat{H_1}\,\phi_b(\vec{r_1}) + \hat{H_2}\phi_a(\underline{r_2})\phi_b(\vec{r_1})$$

$$= (E_1 + E_2)\phi_a(\vec{r_2})\phi_b(\vec{r_1}) = (E_1 + E_2)\,\phi(\vec{r_2}, \vec{r_1})$$

となり、結局、同じエネルギー固有値が得られる。

　このように、粒子を交換した波動関数の

$$\phi(\vec{r_1}, \vec{r_2}) = \phi_a(\vec{r_1})\,\phi_b(\vec{r_2}) \qquad \text{と} \qquad \phi(\vec{r_2}, \vec{r_1}) = \phi_a(\vec{r_2})\,\phi_b(\vec{r_1})$$

は同じエネルギー状態を与えることになる。

　実は、量子力学では、波動関数の絶対値の 2 乗が一致するとき、同じ量子状態を与える。よって

$$\left|\phi(\vec{r_1}, \vec{r_2})\right|^2 = \left|\phi(\vec{r_2}, \vec{r_1})\right|^2$$

という関係となる。したがって、その条件は

$$\phi(\vec{r_1}, \vec{r_2}) = \pm\phi(\vec{r_2}, \vec{r_1})$$

となる。このとき

$$\phi(\vec{r_1}, \vec{r_2}) = \phi(\vec{r_2}, \vec{r_1})$$

という関係にある関数を**対称関数** (symmetric function) と呼んでおり、このような性質を有するものを**ボーズ粒子** (Boson) と呼んでいる。一方、

$$\phi(\vec{r_2}, \vec{r_1}) = -\phi(\vec{r_1}, \vec{r_2})$$

となる関数を**反対称関数** (asymmetric function) と呼び、このような性質を有するものを**フェルミ粒子** (Fermion) と呼んでいる。

　ここで、波動関数 $\phi(\vec{r_1}, \vec{r_2})$ と $\phi(\vec{r_2}, \vec{r_1})$ は、ハミルトニアン $\hat{H} = \hat{H_1} + \hat{H_2}$ の固有関数であるから、その 1 次結合である

$$\Phi(\vec{r_1}, \vec{r_2}) = C_1\,\phi_a(\vec{r_1})\phi_b(\vec{r_2}) + C_2\,\phi_a(\vec{r_2})\phi_b(\vec{r_1})$$

も同じエネルギー固有値をもつ波動関数である。

この波動関数を

$$\Phi(\vec{r_1}, \vec{r_2}) = C_1\, \phi_a(\vec{r_1})\phi_b(\vec{r_2}) + C_2\, \phi_a(\vec{r_2})\phi_b(\vec{r_1})$$

とおいて、粒子 1 と粒子 2 を入れ替えてみよう。

$$\Phi(\vec{r_2}, \vec{r_1}) = C_1\, \phi_a(\vec{r_2})\phi_b(\vec{r_1}) + C_2\, \phi_a(\vec{r_1})\phi_b(\vec{r_2})$$

まず、対称関数の場合には

$$\Phi(\vec{r_1}, \vec{r_2}) = \Phi(\vec{r_2}, \vec{r_1})$$

であるから

$$C_1 = C_2$$

となる。

つぎに反対称関数の場合には

$$\Phi(\vec{r_1}, \vec{r_2}) = -\Phi(\vec{r_2}, \vec{r_1})$$

であるから

$$C_1 = -C_2$$

よって、ボーズ粒子では

$$\Phi(\vec{r_1}, \vec{r_2}) = C_1 \left\{ \phi_a(\vec{r_1})\, \phi_b(\vec{r_2}) + \phi_a(\vec{r_2})\, \phi_b(\vec{r_1}) \right\}$$

となり、フェルミ粒子では

$$\Phi(\vec{r_1}, \vec{r_2}) = C_2 \left\{ \phi_a(\vec{r_1})\, \phi_b(\vec{r_2}) - \phi_a(\vec{r_2})\, \phi_b(\vec{r_1}) \right\}$$

となる。

ここで、フェルミ粒子の場合、粒子の交換が可能であるとして

$$\Phi(\vec{r_1}, \vec{r_2}) = \Phi(\vec{r_2}, \vec{r_1})$$

とすると

$$\Phi(\vec{r_1}, \vec{r_2}) = C_1 \left\{ \phi_a(\vec{r_1})\phi_b(\vec{r_2}) - \phi_a(\vec{r_2})\phi_b(\vec{r_1}) \right\} = 0$$

となり、波動関数が存在しないことになる。

つまり、フェルミ粒子においては、同じ量子状態に 2 個の粒子が存在できないことを意味している。これは、ひとつの量子状態には 1 個の粒子しか入れないと言いかえることもできる。

第 7 章　理想フェルミ気体

フェルミ粒子 (Fermi particle) では、ひとつの量子状態に 1 個のミクロ粒子しか入れないという制約があるために、絶対零度 $T = 0$ [K] では μ あるいはフェルミエネルギー (E_F) 以下の準位は、すべて占有され、それよりもエネルギーの高い準位は、すべて空となっているということを前章で紹介した。

本章では、フェルミ分布に従う理想気体の挙動を見ていく。このような系を**理想フェルミ気体** (ideal Fermi gas) と呼んでいる。理想と冠するのは、粒子どうしの相互作用がまったくないことを想定している。

気体と呼んでいるが、実際に対象とするのは金属中の自由電子である。電子が相互作用することなく自由に運動できることから、理想フェルミ気体と呼んでいる。フェルミ分布は、固体中の電子の挙動を理解するうえで大変有用であるので応用範囲は広い。

7.1.　フェルミエネルギー

フェルミ粒子のエネルギーは、第 3 章の理想気体と同様に、**運動量空間** (momentum space) で考えることができる。しかも、フェルミ粒子は、ひとつのエネルギー状態に 1 個しか入れないので、その分布は、状態数に一致することになる。その結果、フェルミ分布をもとに、フェルミエネルギーという重要な物性値を求めることができる。

第 3 章で求めたように、系の体積を V とすると、エネルギーが 0 から E までの範囲にある状態数は

$$W_0(E) = \frac{4\pi}{3} V \left(\frac{2mE}{h^2} \right)^{\frac{3}{2}}$$

と与えられる。

ここで、フェルミ分布によると、絶対零度では、フェルミエネルギー E_F 以下の状態がすべてフェルミ粒子で占有されているので、状態数と粒子の総数 N が一致する。よって

$$N = \frac{4\pi}{3} V \left(\frac{2mE_F}{h^2} \right)^{\frac{3}{2}}$$

という関係が得られる。

ただし、フェルミ気体を、金属の自由電子に応用する場合、少し修正が必要になる。いままで、フェルミ粒子は、1 個の量子状態に 1 個の粒子しか入れないという話をしてきたが、実は、電子の場合には 2 個入ることができるのである。

これは、スピン (spin) という性質に由来する。つまりスピンにはアップ (+) とダウン (−) の 2 種類があり、このおかげで、ひとつの量子状態を、+ のスピンを持った電子と、− のスピンを持った電子の 2 個が占有できるのである。したがって、状態数は 2 倍となり

$$N = \frac{8\pi}{3} V \left(\frac{2mE_F}{h^2} \right)^{\frac{3}{2}}$$

と修正されるのである。

演習 7-1　上記の粒子数 N の表式をもとに、フェルミエネルギー E_F を与える式を導出せよ。

解）　フェルミエネルギー E_F は

$$\left(\frac{2mE_F}{h^2} \right)^{\frac{3}{2}} = \frac{3N}{8\pi V} \qquad \text{から} \qquad \frac{2mE_F}{h^2} = \left(\frac{3N}{8\pi V} \right)^{\frac{2}{3}}$$

となり

$$E_F = \frac{h^2}{2m} \left(\frac{3N}{8\pi V} \right)^{\frac{2}{3}} = \frac{1}{2m} \left(\frac{3Nh^3}{8\pi V} \right)^{\frac{2}{3}}$$

と与えられる。

このように、理想フェルミ気体では、体積 V と、その中に含まれる粒子数 N が

わかれば、フェルミエネルギーE_Fを求めることができる。

それでは、金属の体積によって E_F に差が生じるのであろうか。実はそうではない。フェルミエネルギーは

$$E_F = \frac{1}{2m}\left(\frac{3h^3}{8\pi}\left(\frac{N}{V}\right)\right)^{\frac{2}{3}}$$

と変形できる。ここに

$$n_e = \frac{N}{V}$$

は、単位体積あたりの粒子数であり、密度となる。金属の中の電子を考えた場合には、これは、**電子濃度** (electron density) と呼ばれる物性値であり、金属の種類によって決まっており、絶対零度におけるフェルミエネルギー

$$E_F = \frac{1}{2m}\left(\frac{3h^3}{8\pi}n_e\right)^{\frac{2}{3}}$$

は、金属の種類が決まれば、一意的に決まる値となるのである。

演習 7-2　銅の自由電子濃度が $n_e = 8.46 \times 10^{28}$ [m^{-3}] としたときのフェルミエネルギーE_F の値を求めよ。ただし、電子の質量を $m = 9.1 \times 10^{-31}$ [kg] 、プランク定数を $h = 6.6 \times 10^{-34}$ [Js] とする。

解）

$$E_F = \frac{1}{2m}\left(\frac{3h^3}{8\pi}n_e\right)^{\frac{2}{3}} = \frac{h^2}{2m}\left(\frac{3}{8\pi}n_e\right)^{\frac{2}{3}} = \frac{(6.6\times10^{-34})^2}{2\times9.1\times10^{-31}}\times\left(\frac{3}{8\times3.14}\times8.46\times10^{28}\right)^{\frac{2}{3}}$$

$$\cong 2.4\times10^{-37}\times\sqrt[3]{102}\times10^{18} \cong 1.12\times10^{-18} \quad [\text{J}]$$

となる。

フェルミエネルギーE_Fに対応した温度を**フェルミ温度** (Fermi temperature)：T_F

と呼び、$E_F = k_B T_F$ から

$$T_F = \frac{E_F}{k_B}$$

と与えられる。

ボルツマン定数は $k_B = 1.38 \times 10^{-23}$ [J/K] であるから、銅のフェルミ温度は

$$T_F = \frac{E_F}{k_B} = \frac{1.12 \times 10^{-18}}{1.38 \times 10^{-23}} \cong 8.12 \times 10^4 \quad [\text{K}]$$

となり、81200 [K] という非常に高い温度となる。

7.2. フェルミ分布関数

第6章では、フェルミ分布は

$$N_j = \frac{1}{\exp\left(\dfrac{\varepsilon_j - \mu}{k_B T}\right) + 1}$$

という式をもとに解析してきた。

この式において、ε_j はミクロ粒子の j 番目のエネルギー準位であり、離散的なエネルギー分布を想定している。しかし、数学的な処理を考えると、連続関数とみなして近似したほうが取り扱いは容易となる。

もともと、エネルギー準位間の幅は狭く、しかも、われわれが扱うのは、アボガドロ数のような巨大な数の粒子であるから、エネルギーEは連続とみなしてもよいと考えられる。そこで

$$f(E) = \frac{1}{\exp\left(\dfrac{E - \mu}{k_B T}\right) + 1}$$

という連続関数を考える。これを**フェルミ分布関数** (Fermi distribution function) と呼んでいる。とすれば

$$N = \int_0^\infty f(E)\, dE$$

という関係が得られるのであろうか。実は、これではうまくいかない。すでに、第3章で求めたように、気体分子の状態密度はエネルギー依存性があり

$$D(E) = \frac{2\pi V}{h^3}(2m)^{\frac{3}{2}}\sqrt{E}$$

と与えられる。このとき、$D(E)\,dE$ は、エネルギーが E と $E+dE$ の範囲にある状態の数に対応する。

　ただし、電子の場合、スピン自由度によって、ひとつの量子状態に 2 個まで粒子が占有できるので、電子の状態密度は

$$D(E) = \frac{4\pi V}{h^3}(2m)^{\frac{3}{2}}\sqrt{E}$$

となる。

　この状態密度と分布関数を使うと、つぎの積分によって、電子数 N

$$N = \int_0^\infty f(E)D(E)\,dE$$

が得られるのである。

　ここで、エネルギーに上限は設けていないので、積分範囲は 0 から∞になる。

演習 7-3　絶対零度における電子数 N とエネルギーE の関係式を導出せよ。

　解)　$N = \int_0^\infty f(E)D(E)\,dE$ において絶対零度での $f(E)$ は

$$0 < E < E_F \quad \text{では} \quad f(E) = 1 \qquad E > E_F \quad \text{では} \quad f(E) = 0$$

となる。したがって

$$N = \int_0^{E_F} D(E)\,dE$$

という関係が得られる。ここで、電子の状態密度は

$$D(E) = \frac{4\pi V}{h^3}(2m)^{\frac{3}{2}}\sqrt{E}$$

であるから

$$N = \frac{4\pi V}{h^3}(2m)^{\frac{3}{2}}\int_0^{E_F} E^{\frac{1}{2}}dE = \frac{4\pi V}{h^3}(2m)^{\frac{3}{2}}\left[\frac{2}{3}E^{\frac{3}{2}}\right]_0^{E_F} = \frac{8\pi V}{3h^3}(2mE_F)^{\frac{3}{2}}$$

$$= \frac{8\pi V}{3}\left(\frac{2mE_F}{h^2}\right)^{\frac{3}{2}}$$

となる。

この結果は、本章の冒頭で離散的な分布を仮定して求めた値と一致している。このように、エネルギーが連続であると仮定しても、離散的な分布で得られたものと同じ結果が得られるのである。

演習 7-4　次式を利用して、絶対零度における電子系の内部エネルギーUを求めよ。

$$U = \int_0^\infty E f(E) D(E)\, dE$$

解）　絶対零度では、$0 < E < E_F$ では $f(E) = 1$, $E > E_F$ では $f(E) = 0$ であるので

$$U = \int_0^{E_F} E D(E)\, dE$$

ここで、フェルミ粒子の状態密度は

$$D(E) = \frac{4\pi V}{h^3}(2m)^{\frac{3}{2}}\sqrt{E}$$

であるから

$$U = \frac{4\pi V}{h^3}(2m)^{\frac{3}{2}}\int_0^{E_F} E^{\frac{3}{2}} dE = \frac{4\pi V}{h^3}(2m)^{\frac{3}{2}}\left[\frac{2}{5}E^{\frac{5}{2}}\right]_0^{E_F} = \frac{8\pi V}{5h^3}E_F\left(2mE_F\right)^{\frac{3}{2}}$$

となる。

ちなみに

$$N = \frac{8\pi V}{3}\left(\frac{2mE_F}{h^2}\right)^{\frac{3}{2}} = \frac{8\pi}{3}\frac{V}{h^3}\left(2mE_F\right)^{\frac{3}{2}}$$

であったので

$$U = \frac{8\pi V}{5h^3} E_{\mathrm{F}} (2mE_{\mathrm{F}})^{\frac{3}{2}} = \frac{3}{5} NE_{\mathrm{F}}$$

となることがわかる。

ところで、一般の理想気体においては

$$U = \frac{3}{2} Nk_{\mathrm{B}}T$$

から、絶対零度 $T = 0$ [K] では、内部エネルギーU が 0 となるはずである。フェルミ粒子である電子は、スピン自由度も考えると、ひとつのエネルギー状態に 2 個の粒子しか入れないという制約により、絶対零度においても、高いエネルギーを有するのである。しかも、そのエネルギーは温度換算で、約 80000 [K] というとてつもない高温となる。この事実が、金属の物性を決定するうえで、重要な因子となっている。

　ただし、実際にわれわれが欲しいのは、絶対零度だけではなく、有限の温度での電子挙動である。そこで、つぎに有限温度におけるフェルミ分布を考えていくことにする。

7.3.　有限温度におけるフェルミ分布

フェルミ分布に従うミクロ粒子の数は

$$N = \int_0^\infty f(E)D(E)\,dE$$

に従う。温度 T の影響はフェルミ分布関数の $f(E)$ に含まれているので、上式から温度依存性を計算することができる。

　具体的に見てみよう。状態密度は、定数部を A とまとめると

$$D(E) = A\sqrt{E} = AE^{1/2}$$

となる。ただし、電子では

$$A = \frac{4\pi V}{h^3}(2m)^{\frac{3}{2}}$$

である。したがって

$$N = A \int_0^\infty \frac{E^{1/2}}{\exp\left(\dfrac{E-\mu}{k_{\mathrm B}T}\right)+1}\, dE$$

となる。実は、この積分は、簡単に解法することができない。このため、いろいろな工夫をしながら、この積分の近似解を求めていくことになる。

ここでは、まず、フェルミ分布関数のかたちをもとに、有限温度における分布が、絶対零度の分布から、どのように変化するかを考えてみる。

フェルミ分布関数をつぎのように置く。

$$f(E) = \frac{1}{\exp\left(\dfrac{E-\mu}{k_{\mathrm B}T}\right)+1} = \frac{1}{\exp\left\{\beta(E-\mu)\right\}+1}$$

これは、逆温度 $\beta = 1/k_{\mathrm B}T$ を使って、分布関数を表示したものである。

絶対零度では、$\beta \to \infty$ となるので、フェルミ分布関数がステップ関数になることは、すでに確認している。有限の温度では、この分布からずれが生じることになる。

そこで、$f(E)$ の変化の様子を探るため、E に関して微分してみる。すると

$$\frac{df(E)}{dE} = f'(E) = -\frac{\beta \exp\left\{\beta(E-\mu)\right\}}{\left[\exp\left\{\beta(E-\mu)\right\}+1\right]^2}$$

となる。

演習 7-5　与式に、$\beta(E-\mu)=t$ という変数変換を施せ。

解）

$$-f'(E) = \frac{\beta e^t}{(e^t+1)^2} = \frac{\beta e^t}{(e^t+1)(e^t+1)}$$

である。

分子分母を e^t で除せば

$$\frac{\beta e^t}{(e^t+1)(e^t+1)} = \frac{\beta}{(e^t+1)(1+1/e^t)}$$

となり

$$-f'(E) = \frac{\beta}{(e^t+1)(e^{-t}+1)}$$

となる。

　ここで、$t = \beta(E-\mu)$ という変数は

$$E = \mu + \frac{t}{\beta} = \mu + t\,k_{\mathrm{B}}T$$

から、系のエネルギーが、フェルミエネルギー μ から、どれだけ離れているかを $k_{\mathrm{B}}T$ を単位として示したものである。つまり $t = \pm 1$ のとき、系のエネルギー E は μ から $\pm k_{\mathrm{B}}T$ だけ離れていることを示している。

演習 7-6　つぎの関数

$$g(t) = \frac{\beta}{(e^t+1)(e^{-t}+1)}$$

のグラフを描け。

　解)　$g(t) = g(-t)$ であるので、この関数は偶関数である。よって、そのグラフは $t=0$、つまりフェルミエネルギーを中心として左右対称となる。

さらに $g(t)$ をつぎのように変形しよう。

$$g(t) = \frac{\beta}{(e^t+1)(e^{-t}+1)} = \frac{\beta}{e^t + e^{-t} + 2}$$

この導関数は

$$g'(t) = -\frac{\beta(e^t - e^{-t})}{(e^t + e^{-t} + 2)^2}$$

となる。

　$g'(0) = 0$ であるから、$t=0$ で極値をとり、その値は

$$g(0) = \frac{\beta}{e^0 + e^0 + 2} = \frac{\beta}{4}$$

となる。

　さらに、$t = 0$ に関して、左右対称であるので、$t > 0$ の領域を見てみよう。

183

$t \to \infty$ では $e^t \to \infty$ かつ $e^{-t} \to 0$ であるから $g(t) \to 0$ となる。

さらに、t が大きいと $e^t \gg e^{-t}$ から

$$g(t) = \frac{\beta}{e^t + e^{-t} + 2} \cong \frac{\beta}{e^t + 2}$$

となる。よって、t の増加とともに指数関数的に減少していき、0 に漸近することがわかる。したがって、$g(t)$ のグラフは図 7-1 のようになる。

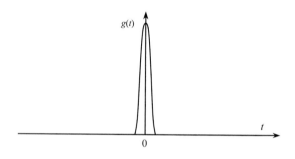

図 7-1 $g(t)$のグラフ

以上の結果をもとに $f(E)$ の導関数

$$f'(E) = -\frac{\beta}{(e^t + 1)(e^{-t} + 1)} = -\frac{\beta \exp\{\beta(E - \mu)\}}{\left[\exp\{\beta(E - \mu)\} + 1\right]^2}$$

のグラフを考えてみよう。

まず、$t = 0$ に関して対称ということは、フェルミエネルギー $E = \mu$ に関して対称なグラフとなり、ちょうど図 7-1 を上下に反転したものとなる。また、ピークは

$$f'(\mu) = -\frac{\beta \exp 0}{\left[\exp 0 + 1\right]^2} = -\frac{\beta}{4} = -\frac{1}{4k_B T}$$

となる。よって、$f'(E)$ のグラフは、図 7-2 のようになる。

したがって、有限温度において、$f(E)$ は絶対零度における分布から、$E = \mu$ 近傍でわずかに変化するだけである。その様子を図 7-3 に示す。

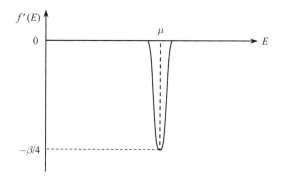

図7-2 $f'(E)$ のフェルミ準位近傍での変化

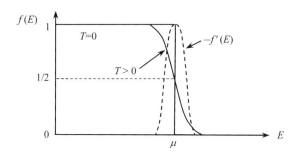

図7-3 絶対零度と有限温度におけるフェルミ分布関数の変化

　この図では、変化の様子を少々誇張して描いているが、実際には、このスケールでは変化が見えないほど小さな変化である。

　これは、ひとつの量子状態を 1 個の粒子しか占有できないというフェルミ粒子の特殊性により、絶対零度においても、かなり高いエネルギー準位に粒子が存在するという理由によっている。

7.4. ゾンマーフェルト展開

　それでは、いよいよ有限温度における積分

$$N = \int_0^\infty f(E)D(E)\, dE$$

の計算に挑戦してみよう。実は、この解法は、**ゾンマーフェルト展開** (Sommerfeld expansion) として知られている。

演習 7-7　$N = \int_0^\infty f(E)D(E)\, dE$　において　$G(x) = \int_0^x D(E)\, dE$ という関数 $G(x)$ を導入し、N の被積分関数を変換せよ。

解)　　$D(E) = G'(E)$ であるから

$$N = \int_0^\infty f(E)G'(E)\, dE$$

となる。部分積分を利用すると

$$N = \left[f(E)G(E) \right]_0^\infty - \int_0^\infty f'(E)G(E)\, dE$$

となる。ここで

$$G(0) = \int_0^0 D(E)\, dE = 0$$

であり、$E \to \infty$ で $f(E) \to 0$ であるから

$$\left[f(E)G(E) \right]_0^\infty = 0 - 0 = 0$$

となる。したがって

$$N = - \int_0^\infty f'(E)G(E)\, dE$$

と変換することが可能となる。

このように、$G(x)$ という関数を導入することで、N の被積分関数が $f(E)$ から $f'(E)$ へと変わっている。これが、関数 $G(x)$ を導入する狙いである。

前節で見たように、$f'(E)$ は $E = \mu$ にピークを有し、そのごく近傍だけに値を有する関数である。そこで、$G(E)$ を $E = \mu$ のまわりでテーラー展開してみよ

う。すると

$$G(E) = G(\mu) + (E-\mu)G'(\mu) + \frac{(E-\mu)^2}{2}G''(\mu) + \frac{(E-\mu)^3}{3!}G'''(\mu) + ...$$

となる。よって

$$N = -\int_0^\infty f'(E)G(E)\,dE$$

$$= -G(\mu)\int_0^\infty f'(E)\,dE \;-G'(\mu)\int_0^\infty (E-\mu)f'(E)\,dE \;-\frac{G''(\mu)}{2}\int_0^\infty (E-\mu)^2 f'(E)\,dE$$

$$-\frac{G'''(\mu)}{6}\int_0^\infty (E-\mu)^3 f'(E)\,dE \;-\frac{G^{(4)}(\mu)}{24}\int_0^\infty (E-\mu)^4 f'(E)\,dE \;-...$$

となる。これをゾンマーフェルト展開と呼んでいる。

$f'(E)$ は $E=\mu$ のごく近傍だけに値を持つ関数なので、$E-\mu$ の高次の項は無視できる。よって、本書では 3 次の項まで計算することにする。

それでは、各項の値を求めていこう。まず、第 1 項の $-G(\mu)\int_0^\infty f'(E)\,dE$ は

$$\int_0^\infty f'(E)\,dE = \big[f(E)\big]_0^\infty = f(\infty) - f(0) = 0 - 1 = -1$$

となるので

$$-G(\mu)\int_0^\infty f'(E)\,dE = G(\mu)$$

となる。

演習 7-8　$\int_0^\infty (E-\mu)f'(E)\,dE$　を計算せよ。

解）
$$f'(E) = -\frac{\beta\exp\{\beta(E-\mu)\}}{\big[\exp\{\beta(E-\mu)\}+1\big]^2}$$

であったが、$\beta(E-\mu)=t$ と置くと

$$-f'(E) = \frac{\beta e^t}{(e^t+1)^2} = \frac{\beta}{(e^t+1)(e^{-t}+1)}$$

となる。

　ここで、$\beta(E-\mu)=t$　から　$dE=dt/\beta$　、また　$E=0$　のとき　$t=-\beta\mu$　から

$$\int_0^\infty (E-\mu)f'(E)\,dE = -\int_{-\beta\mu}^\infty \frac{t}{\beta}\frac{\beta}{(e^t+1)(e^{-t}+1)}\frac{dt}{\beta}$$

$$= -\frac{1}{\beta}\int_{-\beta\mu}^\infty \frac{t}{(e^t+1)(e^{-t}+1)}\,dt$$

となる。

　ここで、被積分関数は奇関数であり、β は $k_B T$ の逆数であるから $10^{21}\sim10^{24}$ 程度の巨大な数であるので

$$\int_{-\beta\mu}^\infty \frac{t}{(e^t+1)(e^{-t}+1)}\,dt \cong \int_{-\infty}^\infty \frac{t}{(e^t+1)(e^{-t}+1)}\,dt$$

のように積分範囲を　$-\infty$　から　∞　までとしてもよい。すると、奇関数の性質から、この積分は 0 となる。

　つぎに、第 3 項

$$-\frac{G''(\mu)}{2}\int_0^\infty (E-\mu)^2 f'(E)\,dE$$

を求めてみよう。

演習 7-9　次の積分

$$\int_0^\infty (E-\mu)^2 f'(E)\,dE$$

を求めよ。

　解）　ふたたび　$\beta(E-\mu)=t$　と置くと

$$\int_0^\infty (E-\mu)^2 f'(E)\,dE = -\int_{-\beta\mu}^\infty \frac{t^2}{\beta^2}\frac{\beta e^t}{(e^t+1)^2}\frac{dt}{\beta} = -\frac{1}{\beta^2}\int_{-\infty}^\infty \frac{t^2 e^t}{(e^t+1)^2}\,dt$$

となる。

　ここでも、β が大きいということで、積分範囲の下限の　$-\beta\mu$　を　$-\infty$　としている。被積分関数は偶関数であるから

$$\int_0^\infty (E-\mu)^2 f'(E)\,dE = -\frac{2}{\beta^2}\int_0^\infty \frac{t^2 e^t}{(e^t+1)^2}\,dt$$

さらに、被積分関数の分子分母を e^{2t} で除すと

$$\int_0^\infty (E-\mu)^2 f'(E)\,dE = -\frac{2}{\beta^2}\int_0^\infty \frac{t^2 e^{-t}}{(e^{-t}+1)^2}\,dt$$

となる。ここで、$e^{-t}<1$ であるから

$$\frac{1}{1+e^{-t}} = 1 - e^{-t} + e^{2t} - e^{-3t} + e^{4t} - \ldots$$

と級数展開でき

$$\frac{1}{(1+e^{-t})^2} = (1 - e^{-t} + e^{-2t} - e^{-3t} + e^{-4t} - \ldots)^2 = 1 - 2e^{-t} + 3e^{-2t} - 4e^{-3t} + \ldots$$

となる。したがって

$$\int_0^\infty \frac{t^2 e^{-t}}{(e^{-t}+1)^2}\,dt = \int_0^\infty t^2 e^{-t}(1 - 2e^{-t} + 3e^{-2t} - 4e^{-3t} + \ldots)\,dt$$

$$= \int_0^\infty t^2 (e^{-t} - 2e^{-2t} + 3e^{-3t} - 4e^{-4t} + \ldots)\,dt$$

と展開できる。ここで

$$\int_0^\infty t^2 e^{-nt}\,dt$$

という積分を考える。$x = nt$ と置くと

$$\int_0^\infty t^2 e^{-nt}\,dt = \int_0^\infty \left(\frac{x}{n}\right)^2 e^{-x}\frac{dx}{n} = \frac{1}{n^3}\int_0^\infty x^2 e^{-x}dx$$

となるが、この積分はガンマ関数であり

$$\int_0^\infty t^2 e^{-nt}dt = \frac{1}{n^3}\Gamma(3) = \frac{2}{n^3}$$

となる。したがって

$$\int_0^\infty \frac{t^2 e^{-t}}{(e^{-t}+1)^2}\,dt = 2\left(\frac{1}{1^3} - \frac{2}{2^3} + \frac{3}{3^3} - \frac{4}{4^3} + \cdots\right) = 2\left(\frac{1}{1^2} - \frac{1}{2^2} + \frac{1}{3^2} - \frac{1}{4^2} + \cdots\right)$$

となる。ここで、$x^2\,(-\pi<x<\pi)$ のフーリエ級数

$$x^2 = \frac{\pi^2}{3} - 4\left(\frac{\cos x}{1^2} - \frac{\cos 2x}{2^2} + \frac{\cos 3x}{3^2} - \frac{\cos 4x}{4^2} + \cdots\right)$$

に $x=0$ を代入すると

$$\frac{1}{1^2} - \frac{1}{2^2} + \frac{1}{3^2} - \frac{1}{4^2} + \frac{1}{5^2} - \cdots = \frac{\pi^2}{12}$$

となるので

$$\int_0^\infty (E-\mu)^2 f'(E)\, dE = -\frac{2}{\beta^2}\int_0^\infty \frac{t^2 e^{-t}}{(e^{-t}+1)^2}\, dt = -\frac{2}{\beta^2}\frac{\pi^2}{6} = -(k_B T)^2 \frac{\pi^2}{3}$$

となる。

よって第3項は

$$-\frac{G''(\mu)}{2}\int_0^\infty (E-\mu)^2 f'(E)\, dE = +\frac{\pi^2}{6}(k_B T)^2\, G''(\mu)$$

と与えられる。したがって

$$N \cong G(\mu) + \frac{\pi^2}{6}(k_B T)^2\, G''(\mu)$$

となる。

　ここで、この式の意味するところを少し考えてみよう。この式に登場する μ は、有限温度 T における化学ポテンシャルである。そこで、区別するために、ここでは、絶対零度における化学ポテンシャルを μ_0 と表記する。すると

$$N = \int_0^{\mu_0} D(E)\, dE$$

という式が得られる。

　温度によって粒子数は変化しないので

$$\int_0^{\mu_0} D(E)\, dE = \int_0^\mu D(E)\, dE + \frac{\pi^2}{6}(k_B T)^2\, G''(\mu)$$

という関係が得られる。このとき、μ は温度 T における化学ポテンシャルとなる。よって

$$\int_0^\mu D(E)\, dE - \int_0^{\mu_0} D(E)\, dE + \frac{\pi^2}{6}(k_B T)^2\, G''(\mu) = 0$$

から

$$\int_{\mu_0}^\mu D(E)\, dE + \frac{\pi^2}{6}(k_B T)^2\, G''(\mu) = 0$$

となる。ここで

$$\int_{\mu_0}^{\mu} D(E) \, dE = G(\mu) - G(\mu_0)$$

であるが、μ と μ_0 の値は非常に近いので、微分の定義を思い出すと

$$\frac{G(\mu) - G(\mu_0)}{\mu - \mu_0} = \frac{dG(\mu)}{d\mu} = D(\mu) \cong D(\mu_0)$$

となる。よって

$$\int_{\mu_0}^{\mu} D(E) \, dE \cong (\mu - \mu_0) D(\mu_0)$$

と近似でき

$$(\mu - \mu_0) \, D(\mu_0) = -\frac{\pi^2}{6} (k_B T)^2 \, G''(\mu)$$

という関係が得られる。これを変形すると、有限温度 T における化学ポテンシャル μ は

$$\mu = \mu_0 - \frac{\pi^2}{6} (k_B T)^2 \frac{G''(\mu)}{D(\mu_0)} \cong \mu_0 - \frac{\pi^2}{6} (k_B T)^2 \frac{G''(\mu_0)}{D(\mu_0)}$$

と与えられることになる。

演習 7-10 $\dfrac{G''(\mu_0)}{D(\mu_0)}$ の値を計算せよ。

解) $\qquad G''(E) = D'(E) \qquad$ から $\qquad G''(\mu) = \left. \dfrac{dD(E)}{dE} \right|_{E=\mu}$

となる。ここで状態密度は

$$D(E) = \frac{4\pi V}{h^3} (2m)^{\frac{3}{2}} \sqrt{E} \qquad から \qquad D'(E) = \frac{2\pi V}{h^3} (2m)^{\frac{3}{2}} E^{-\frac{1}{2}}$$

となり

$$G''(\mu) = D'(\mu) = \frac{2\pi V}{h^3} (2m)^{\frac{3}{2}} \mu^{-\frac{1}{2}} \cong G''(\mu_0) = \frac{2\pi V}{h^3} (2m)^{\frac{3}{2}} \mu_0^{-\frac{1}{2}}$$

となる。また

$$D(\mu_0) = \frac{4\pi V}{h^3}(2m)^{\frac{3}{2}}\mu_0^{\frac{1}{2}}$$

から

$$\frac{G''(\mu_0)}{D(\mu_0)} \cong \frac{1}{2\mu_0}$$

となる。

結局、有限温度 T の化学ポテンシャル μ は

$$\mu = \mu_0 - \frac{\pi^2}{12}(k_\mathrm{B}T)^2\frac{1}{\mu_0} = \mu_0\left\{1 - \frac{\pi^2}{12}\left(\frac{k_\mathrm{B}T}{\mu_0}\right)^2\right\}$$

となる。

あるいは、化学ポテンシャル μ はフェルミエネルギー E_F に対応するので

$$E_\mathrm{F}(T) = E_\mathrm{F}(0)\left\{1 - \frac{\pi^2}{12}\left(\frac{k_\mathrm{B}T}{E_\mathrm{F}(0)}\right)^2\right\}$$

とすることもできる。ここで、フェルミ温度 T_F を使うと

$$E_\mathrm{F}(0) = k_\mathrm{B}T_\mathrm{F}$$

という関係にあるから

$$E_\mathrm{F}(T) = E_\mathrm{F}(0)\left\{1 - \frac{\pi^2}{12}\left(\frac{k_\mathrm{B}T}{k_\mathrm{B}T_\mathrm{F}}\right)^2\right\} = E_\mathrm{F}(0)\left\{1 - \frac{\pi^2}{12}\left(\frac{T}{T_\mathrm{F}}\right)^2\right\}$$

という関係が得られる。

このように、フェルミエネルギーは温度上昇とともに、ごくわずかではあるが減少するという結果となる。ただし、あくまでも自由電子モデルで成立する特徴である。実際に、増加するか減少するかは、フェルミエネルギーでの $dD(E)/dE$ の符号で決まることになる。

演習 7-11　銅のフェルミ温度は、すでに求めたように $T_F = 81200$ [K] 程度である。銅の融点は、1085 [℃] 程度である。この温度がフェルミエネルギーに与える影響を求めよ。

解）　銅の融点は、$T = 1085 + 273 = 1358$ [K] 程度である。よって

$$E_F(T) = E_F(0)\left\{1 - \frac{\pi^2}{12}\left(\frac{T}{T_F}\right)^2\right\} = E_F(0)\left\{1 - \frac{3.14^2}{12}\left(\frac{1358}{81200}\right)^2\right\}$$

$$= E_F(0)(1 - 2.3 \times 10^{-4})$$

となる。

このように、融点近傍の高温であっても、フェルミエネルギーを、わずか 0.023% 程度下げるだけである。金属においては、そもそも、絶対零度のフェルミエネルギー E_F が非常に高いため、かなり高温であっても、温度による影響はかなり小さいのである。

7. 5.　内部エネルギー

それでは、有限温度における電子系の内部エネルギーを求めてみよう。この場合の積分は

$$U = \ <E> \ = \int_0^\infty E f(E) D(E) \, dE$$

となる。

演習 7-12　$J(x) = \displaystyle\int_0^x E D(E) \, dE$　という関数 $J(x)$ を考えれば

$$U = \int_0^\infty f(E) J'(E) \, dE$$

となることを確かめよ。

解）
$$J(x) = \int_0^x E D(E) \, dE$$

より

$$J'(E) = ED(E)$$

となるので

$$\int_0^\infty f(E)J'(E)\,dE = \int_0^\infty Ef(E)D(E)\,dE$$

これは、まさに内部エネルギーである。

___

ここで、N の場合と同様の取り扱いを適用しよう。すると

$$U = \int_0^\infty f(E)J'(E)\,dE$$

$$= \bigl[f(E)J(E)\bigr]_0^\infty - \int_0^\infty f'(E)J(E)\,dE = -\int_0^\infty f'(E)J(E)\,dE$$

となる。そこで、$J(E)$ を $E=\mu$ のまわりでテーラー展開してみよう。すると

$$J(E) = J(\mu) + (E-\mu)J'(\mu) + \frac{(E-\mu)^2}{2}J''(\mu) + \dots$$

となる。第 2 項の積分は 0 となるので

$$U \cong J(\mu) - \frac{J''(\mu)}{2}\int_0^\infty (E-\mu)^2 f'(E)\,dE \;=\; J(\mu) + \frac{\pi^2}{6}(k_BT)^2\,J''(\mu)$$

と近似できる。ここで、第 1 項は

$$J(\mu) = \int_0^\mu ED(E)\,dE = \int_0^{\mu_0} ED(E)\,dE + \int_{\mu_0}^\mu ED(E)\,dE$$

$$= U_0 + (\mu - \mu_0)\mu_0\,D(\mu_0)$$

となる。ただし、U_0 は $T=0\,[\mathrm{K}]$ におけるフェルミ粒子系の内部エネルギーである。

___

演習 7-13　フェルミ粒子系の内部エネルギー U の近似式における第 2 項の $J''(\mu)$ の値を求めよ。

解）

$$J'(E) = ED(E)$$

において

$$\frac{d}{dE}\big(ED(E)\big) = D(E) + E\,\frac{dD(E)}{dE}$$

から

$$J''(E) = D(E) + E\,\frac{dD(E)}{dE}$$

したがって

$$J''(\mu) = \left. D(\mu) + \mu\frac{dD(E)}{dE}\right|_{E=\mu} = D(\mu) + \mu\,D'(\mu)$$

となる。$\mu \cong \mu_0$ であるから

$$J''(\mu) \cong D(\mu_0) + \mu_0\,D'(\mu_0)$$

となる。

したがって、内部エネルギーは

$$U = U_0 + (\mu - \mu_0)\mu_0\,D(\mu_0) + \frac{\pi^2}{6}(k_{\mathrm B}T)^2\,J''(\mu)$$

$$= U_0 + (\mu - \mu_0)\mu_0\,D(\mu_0) + \frac{\pi^2}{6}(k_{\mathrm B}T)^2\left\{D(\mu_0) + \mu_0 D'(\mu_0)\right\}$$

と与えられる。ここで

$$(\mu - \mu_0)D(\mu_0) = -\frac{\pi^2}{6}(k_{\mathrm B}T)^2\,D'(\mu_0)$$

であったから

$$U = U_0 + \frac{\pi^2}{6}(k_{\mathrm B}T)^2\,D(\mu_0)$$

となる。電子のエネルギー状態密度 $D(E)$ は

$$D(E) = \frac{4\pi V}{h^3}(2m)^{\frac{3}{2}}E^{\frac{1}{2}}$$

から

$$U = U_0 + \frac{\pi^2}{6}(k_{\mathrm B}T)^2 \cdot \frac{4\pi V}{h^3}(2m)^{\frac{3}{2}}\mu_0^{\frac{1}{2}} = U_0 + \frac{2\pi^3 V}{3h^3}(2m)^{\frac{3}{2}}\mu_0^{\frac{1}{2}}(k_{\mathrm B}T)^2$$

となる。

このように、理想フェルミ気体の内部エネルギー U の変化は、温度に対して T^2 の依存性を有する。理想気体では

$$U = \frac{3}{2} N k_\mathrm{B} T$$

のように、温度 T に比例するので、挙動が異なるのである。

この理由を少し考えてみよう。フェルミ粒子は、絶対零度にあってもフェルミエネルギー μ という高いエネルギーを有する。また、フェルミ準位以下のエネルギーは粒子ですべて占有されている。

このような系で、温度を上昇させた場合、熱的に励起されるのはフェルミ準位近傍の電子のみである。そして、その割合は、フェルミエネルギー μ と、熱エネルギー $k_\mathrm{B} T$ の比となり、おおよそ

$$N \frac{k_\mathrm{B} T}{\mu}$$

程度となる。これだけの粒子が熱エネルギー $k_\mathrm{B} T$ を受け取るとすれば

$$\Delta U = N \frac{k_\mathrm{B} T}{\mu} k_\mathrm{B} T = N \frac{k_\mathrm{B}{}^2}{\mu} T^2$$

となって、内部エネルギーの上昇は T^2 に比例することになる。つまりフェルミ粒子の特殊な分布によって、このような温度依存性を示すと考えられるのである。

演習 7-14　理想フェルミ気体としての電子系の定積比熱 C_V を求めよ。

解）　定積比熱は、内部エネルギー

$$U = U_0 + \frac{2\pi^3 V}{3h^3} (2m)^{\frac{3}{2}} \mu_0^{\frac{1}{2}} (k_\mathrm{B} T)^2$$

を、体積 V が一定という条件下で、温度 T で偏微分したものであるから

$$C_V = \left(\frac{\partial U}{\partial T} \right)_V = \frac{4\pi^3 V}{3h^3} (2m)^{\frac{3}{2}} \mu_0^{\frac{1}{2}} k_\mathrm{B}{}^2 T$$

となる。

このように、フェルミ粒子系の比熱は、温度 T に比例する。内部エネルギーが T^2 依存性を示すのであるから、その温度微分の比熱は T 依存性を示すことなる。

第8章　理想ボーズ気体

ボーズ粒子 (Bose particle) は、フェルミ粒子と異なり、ひとつの量子状態を粒子が何個でも占有することができるという特徴を有する。

実は、電子はフェルミ粒子であるが、それがペアをつくるとボーズ粒子として振る舞うことが知られている。低温で電気抵抗が消失する**超伝導** (superconductivity) では、ボーズ粒子となった超伝導電子対が、最低エネルギー状態に凝縮したものと考えられている。この不可思議な現象が、ボーズ粒子の挙動で説明できることから、ボーズ分布は大きな注目を集めることとなったのである。本章では、理想ボーズ気体の挙動を紹介する。

8.1.　ボーズ分布関数

ボーズ分布 (Bose distribution) は

$$N_j = \frac{1}{\exp\left(\dfrac{\varepsilon_j - \mu}{k_\mathrm{B} T}\right) - 1}$$

という離散的な式をもとに解析してきたが、フェルミ粒子の場合と同様に

$$f(E) = \frac{1}{\exp\left(\dfrac{E - \mu}{k_\mathrm{B} T}\right) - 1}$$

という連続関数を考える。これを**ボーズ分布関数** (Bose distribution function) と呼んでいる。ところで、ボーズ粒子においては、大分配関数を求める際の級数の収束条件から

$$E > \mu$$

という条件が付加されることを示した。

ここで、E の最小値として 0 を考えると、必然的に

$$\mu < 0$$

となるが、実は、$\mu = 0$ という状態も考えられる。

以上を踏まえたうえで、温度 T におけるボーズ粒子のエネルギー依存性を考えてみよう。まず

$$f'(E) = -\frac{1}{k_{\mathrm{B}}T} \frac{\exp\left(\dfrac{E-\mu}{k_{\mathrm{B}}T}\right)}{\left\{\exp\left(\dfrac{E-\mu}{k_{\mathrm{B}}T}\right)-1\right\}^2} < 0$$

となるので、$f(E)$ は単調減少となり、結局、ボーズ分布は図 8-1 のようになる。実際に意味を持つのは、$E \geq 0$ の範囲である。

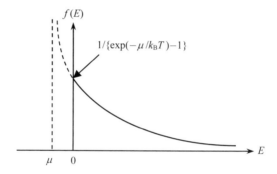

図 8-1　ボーズ分布

また

$$f(0) = \frac{1}{\exp\left(\dfrac{0-\mu}{k_{\mathrm{B}}T}\right)-1} = \frac{1}{\exp\left(-\dfrac{\mu}{k_{\mathrm{B}}T}\right)-1}$$

から、これが $E = 0$ での粒子数となる。

このように、ボーズ分布では、エネルギーが高くなるにしたがって粒子の占有率が下がっていくという分布をとる。

フェルミ粒子の項でもみたように、$k_{\mathrm{B}}T$ という値は非常に小さいので、エネルギーE が高くなると

$$\exp\left(\frac{E-\mu}{k_{\mathrm{B}}T}\right) >> 1$$

という関係にある。とすれば

$$f(E) = \frac{1}{\exp\left(\dfrac{E-\mu}{k_{\mathrm{B}}T}\right) - 1} \cong \frac{1}{\exp\left(\dfrac{E-\mu}{k_{\mathrm{B}}T}\right)} = \exp\left(-\frac{E-\mu}{k_{\mathrm{B}}T}\right) = \exp\left(\frac{\mu}{k_{\mathrm{B}}T}\right)\exp\left(-\frac{E}{k_{\mathrm{B}}T}\right)$$

$$\propto \exp\left(-\frac{E}{k_{\mathrm{B}}T}\right)$$

となり、ボーズ粒子の存在確率の温度依存性は、まさに、ボルツマン因子となるのである。つまり、カノニカル集団と同様に、ボーズ粒子系では、エネルギーが高くなれば存在確率が、ボルツマン因子に比例して低下するという挙動を示すのである。

8.2. 　ボーズ凝縮

ボーズ粒子では、最低エネルギー状態である $E=0$ にすべての粒子が凝縮した状態を考えることができる。これは、固体物性という観点から興味深い現象である。それを見ていこう。

まず、$E=0$ となる際のボーズ分布関数は

$$f(0) = \frac{1}{\exp\left(-\dfrac{\mu}{k_{\mathrm{B}}T}\right) - 1}$$

となる。ここで $T \to 0$ の極限を考える。この場合 $E=0$ での分布 $f(0)$ はどうなるであろうか。$\mu < 0$ ならば、$-\mu > 0$ となるので

$$\exp\left(-\frac{\mu}{k_{\mathrm{B}}T}\right) \to \infty$$

となり

$$f(0) = \frac{1}{\exp\left(-\dfrac{\mu}{k_{\mathrm{B}}T}\right) - 1} \to 0$$

となってしまう。

つまり、このままでは、$E=0$ の状態には、ボーズ粒子が存在しないということになってしまう。これを回避できるのは $\mu=0$ しかない。このとき、ボーズ分布関数は

$$f(E) = \frac{1}{\exp\left(\dfrac{E}{k_\mathrm{B}T}\right) - 1}$$

となる。この関数で $T \to +0$ の極限を考えてみよう。すると $E > 0$ では

$$\exp\left(\frac{E}{k_\mathrm{B}T}\right) \to \infty \qquad となり \qquad f(E) = \frac{1}{\exp\left(\dfrac{E}{k_\mathrm{B}T}\right) - 1} \to 0$$

となるので、絶対零度に近づくと、$E > 0$ のボーズ粒子の存在確率は 0 に近づいていく。一方、$E=0$ ならば

$$\exp\left(\frac{E}{k_\mathrm{B}T}\right) = 1 \qquad となり \qquad f(E) = \frac{1}{\exp\left(\dfrac{E}{k_\mathrm{B}T}\right) - 1} \to \frac{1}{1-1} \to \infty$$

となり、すべてのボーズ粒子が $E=0$ の状態に凝縮することになる。

つまり、図 8-2 のような状態となるのである。これを**ボーズ凝縮** (Bose condensation) と呼んでいる。

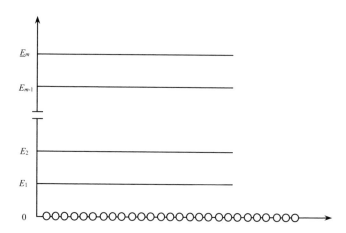

図 8-2 絶対零度 $T=0\,\mathrm{K}$ におけるボーズ粒子の分布。最低エネルギー状態にすべての粒子が凝縮する。

ところで、有限の温度 $k_\mathrm{B}T \neq 0$ においても、$E=0$ とすると

$$f(E) = \cfrac{1}{\exp\left(\cfrac{E}{k_\mathrm{B}T}\right) - 1} \to \frac{1}{1-1} \to \infty$$

となる。

　つまり、有限温度においても、$\mu=0$ となれば、$E=0$ の状態にすべての粒子が凝縮することが可能となるのである。

　しかし、そもそも有限の温度において、$\mu=0$ という状態など可能なのであろうか。化学ポテンシャル μ は、粒子 1 個あたりの自由エネルギーである。$\mu=0$ ということは、粒子が増えても、系の自由エネルギーは増えも減りもしないということである。絶対零度であれば、すべての粒子のエネルギーが 0 になるから、このような状況が特異的に生じることは想定できるが、粒子が熱エネルギーを有する有限の温度では、通常は考えられない。

　実は、有限の温度でも、このような状態が生じることが知られている。その代表が、冒頭で紹介した超伝導である。フェルミ粒子である電子が対を形成することで、ボーズ粒子となって、エネルギー最低状態にボーズ凝縮したものが、超伝導状態と考えられているのである。

　また、液体ヘリウムにおいて観察される**超流動** (super-fluidity) もボーズ凝縮として知られている。

　ところで、ボーズ粒子の大分配関数を求める際に

$$1 + \exp\left(-\frac{\varepsilon-\mu}{k_\mathrm{B}T}\right) + \left\{\exp\left(-\frac{\varepsilon-\mu}{k_\mathrm{B}T}\right)\right\}^2 + \left\{\exp\left(-\frac{\varepsilon-\mu}{k_\mathrm{B}T}\right)\right\}^3 + \cdots = \cfrac{1}{1 - \exp\left(-\cfrac{\varepsilon-\mu}{k_\mathrm{B}T}\right)}$$

という無限等比級数の和を利用した。このとき、左辺の無限級数の和が収束するための条件は

$$\exp\left(-\frac{\varepsilon-\mu}{k_\mathrm{B}T}\right) < 1$$

となり

$$-\frac{\varepsilon-\mu}{k_\mathrm{B}T} < 0 \qquad \text{から} \qquad \varepsilon - \mu > 0$$

となる。これにより、条件として $\varepsilon > \mu$ を課したのであるが、実は

$$\exp\left(-\frac{\varepsilon - \mu}{k_{\mathrm{B}}T}\right) = 1$$

つまり $\varepsilon = \mu$ のときがボーズ凝縮に対応するのである。

　このとき、計算上は、この級数の和は $1 + 1 + 1 + 1 + ...$ となって発散するが、一方では、最低エネルギー状態にすべてのボーズ粒子が凝縮しているともみなすことができるのである。この場合、$\mu = 0$ であれば、$\varepsilon = 0$ という最低エネルギー状態にボーズ粒子が凝縮することになる。

8.3.　有限温度におけるボーズ分布

　それでは、ボーズ粒子の有限温度における分布状態の詳細な解析を進めていこう。ここでも、フェルミ粒子の場合と同様に、運動量空間における状態数を求め、それに分布関数を乗じて積分する手法を使うのである。

　まず、運動量空間におけるミクロ粒子のエネルギー状態密度は

$$D(E) = \frac{2\pi V}{h^3}(2m)^{\frac{3}{2}}\sqrt{E}$$

となるのであった。

　この状態密度とボーズ分布関数を使うと、つぎの積分によって、粒子数 N

$$N = \int_0^\infty f(E)D(E)\,dE$$

が得られることになる。

　ここで、エネルギーに上限は設けていないので、積分範囲は 0 から∞になる。フェルミ粒子の場合と同様に、直接的に、この積分値を求めることができないので、工夫が必要となる。

　状態密度は、定数項を A とまとめると

$$D(E) = A\sqrt{E} = AE^{\frac{1}{2}}$$

となる。ただし

$$A = \frac{2\pi V}{h^3}(2m)^{\frac{3}{2}}$$

である。したがって

$$N = A \int_0^\infty \frac{E^{1/2}}{\exp\left(\dfrac{E-\mu}{k_{\mathrm{B}}T}\right)-1}\, dE$$

となる。

ここで、ボーズ分布関数をつぎのように置く。

$$f(E) = \frac{1}{\exp\left(\dfrac{E-\mu}{k_{\mathrm{B}}T}\right)-1} = \frac{1}{\exp\left\{\beta(E-\mu)\right\}-1}$$

これは、逆温度 $\beta = 1/k_{\mathrm{B}}T$ を使って分布関数を表示したものである。

演習 8-1　　$\beta E = t$ ならびに $\beta\mu = a$ と変数変換を行い、N を与える上記積分を変数 t と a で示せ。

解）　　$dE = dt / \beta$ であるから

$$N = A \int_0^\infty \frac{E^{1/2}}{\exp\left(\dfrac{E-\mu}{k_{\mathrm{B}}T}\right)-1}\, dE = A \int_0^\infty \frac{\beta^{-1/2}t^{1/2}}{\exp(t-a)-1}\frac{dt}{\beta}$$

$$= A\beta^{-\frac{3}{2}} \int_0^\infty \frac{t^{1/2}}{e^{t-a}-1}\, dt$$

となる。

したがって

$$\int_0^\infty \frac{t^{1/2}}{e^{t-a}-1}\, dt = \frac{N}{A}\beta^{\frac{3}{2}}$$

という関係が得られる。

$$A = \frac{2\pi V}{h^3}(2m)^{\frac{3}{2}}$$

を戻すと

$$\int_0^\infty \frac{t^{1/2}}{e^{t-a}-1}\,dt = \frac{Nh^3}{2\pi V}\left(\frac{\beta}{2m}\right)^{\frac{3}{2}}$$

となる。

左辺の積分結果は

$$a = \beta\mu = \frac{\mu}{k_{\mathrm{B}}T}$$

の関数となるので

$$I(a) = \int_0^\infty \frac{t^{1/2}}{e^{t-a}-1}\,dt$$

と置く。すると

$$I(0) = \int_0^\infty \frac{t^{1/2}}{e^t-1}\,dt$$

となるが、この積分は $\mu = 0$ に対応したものである。

補遺 8-1 に示したつぎの関係

$$\int_0^\infty \frac{t^{s-1}}{e^t-1}dt = \Gamma(s)\cdot\varsigma(s)$$

を使うと

$$I(0) = \int_0^\infty \frac{t^{1/2}}{e^t-1}dt = \Gamma\left(\frac{3}{2}\right)\cdot\varsigma\left(\frac{3}{2}\right)$$

のように、**ガンマ関数** (Γ function) と**ゼータ関数** (ζ function) の積となる。

ここで、ガンマ関数の性質から

$$\Gamma\left(\frac{3}{2}\right) = \frac{1}{2}\Gamma\left(\frac{1}{2}\right) = \frac{\sqrt{\pi}}{2}$$

と計算できる。また

$$\varsigma\left(\frac{3}{2}\right) = 2.612\ldots$$

と値が得られるが、いまは、ゼータ関数表記のままにして

$$I(0) = \int_0^\infty \frac{t^{1/2}}{e^t-1}dt = \frac{\sqrt{\pi}}{2}\varsigma\left(\frac{3}{2}\right)$$

とする。

演習 8-2 　$I(a)$ と $I(0)$ の大小関係を比較せよ。

解）

$$I(a) - I(0) = \int_0^\infty \left(\frac{t^{1/2}}{e^{t-a}-1} - \frac{t^{1/2}}{e^t-1} \right) dt$$

として、その符号を調べてみる。

この被積分関数は

$$\frac{t^{1/2}}{e^{t-a}-1} - \frac{t^{1/2}}{e^t-1} = \frac{t^{1/2}}{(e^{t-a}-1)(e^t-1)}(e^t - e^{t-a})$$

となる。ここで

$$t = \beta E \geq 0 \quad \text{であり} \quad a = \beta\mu \leq 0$$

である。よって

$$\frac{t^{1/2}}{(e^{t-a}-1)(e^t-1)} \geq 0$$

であり

$$e^t - e^{t-a} = e^t - \frac{1}{e^a}e^t = e^t(1 - \frac{1}{e^a}) \leq 0$$

となり、被積分関数は常に負となる。

したがって

$$I(a) \leq I(0)$$

となる。

ここで、つぎの関係にあることを思い出そう。

$$I(a) = \frac{Nh^3}{2\pi V}\left(\frac{\beta}{2m}\right)^{\frac{3}{2}} \qquad I(0) = \frac{\sqrt{\pi}}{2}\varsigma\left(\frac{3}{2}\right)$$

いま求めた関係から

$$\frac{Nh^3}{2\pi V}\left(\frac{\beta}{2m}\right)^{\frac{3}{2}} \leq \frac{\sqrt{\pi}}{2}\varsigma\left(\frac{3}{2}\right)$$

となることがわかる。

ここで、$\beta = 1/k_\mathrm{B}T$ であったので

$$\frac{N}{V}\left(\frac{h^2}{2\pi m k_\mathrm{B}T}\right)^{\frac{3}{2}} \leq \varsigma\left(\frac{3}{2}\right)$$

という関係が得られる。

ここで、この不等式で等号が成立する場合の温度 T について考えてみよう。すでに、見たように、これは $\mu = 0$ に対応する。そして、このとき、ボーズ粒子系はボーズ凝縮を生じるのであった。

したがって、この温度は、ボーズ凝縮が生じる**臨界温度** (critical temperature) と考えることができる。臨界温度を通常は T_c と表記する。実は、超伝導物質が超伝導状態に転移する臨界温度がこの T_c に対応する。

演習 8-3　ボーズ粒子からなる理想ボーズ気体が、ボーズ凝縮を生じる臨界温度 T_c を求めよ。

解）　臨界温度 T_c では

$$\frac{N}{V}\left(\frac{h^2}{2\pi m k_\mathrm{B}T_\mathrm{c}}\right)^{\frac{3}{2}} = \varsigma\left(\frac{3}{2}\right)$$

となるので

$$T_\mathrm{c}^{\frac{3}{2}} = \frac{N}{\varsigma(3/2)V}\left(\frac{h^2}{2\pi m k_\mathrm{B}}\right)^{\frac{3}{2}}$$

から

$$T_\mathrm{c} = \left(\frac{N}{\varsigma(3/2)V}\right)^{\frac{2}{3}}\frac{h^2}{2\pi m k_\mathrm{B}} \cong 0.527\left(\frac{N}{V}\right)^{\frac{2}{3}}\frac{h^2}{2\pi m k_\mathrm{B}}$$

となる。

　ここで、一般の温度 T では

$$\frac{N}{V}\left(\frac{h^2}{2\pi m k_{\mathrm{B}}T}\right)^{\frac{3}{2}} \leq \varsigma\left(\frac{3}{2}\right)$$

であり、臨界温度 T_{c} では

$$\frac{N}{V}\left(\frac{h^2}{2\pi m k_{\mathrm{B}}T_{\mathrm{c}}}\right)^{\frac{3}{2}} = \varsigma\left(\frac{3}{2}\right)$$

という関係にあるので

$$\frac{N}{V}\left(\frac{h^2}{2\pi m k_{\mathrm{B}}T}\right)^{\frac{3}{2}} \leq \frac{N}{V}\left(\frac{h^2}{2\pi m k_{\mathrm{B}}T_{\mathrm{c}}}\right)^{\frac{3}{2}}$$

ということがわかる。

　これから、ただちに

$$\frac{1}{T} \leq \frac{1}{T_{\mathrm{c}}}$$

よって

$$T_{\mathrm{c}} \leq T$$

という関係が導出される。

　つまり、高温では $\mu \neq 0$ つまり $\mu < 0$ であるが、臨界温度 T_{c} を境に $\mu = 0$ となって、ボーズ凝縮状態に相転移する。

8.4.　ボーズ凝縮と臨界温度

　それでは、物性物理などの興味の対象となっているボーズ凝縮について、もう少し解析してみよう。$\mu = 0$ であるから

$$N = A \int_0^\infty \frac{E^{1/2}}{\exp\left(\dfrac{E}{k_{\mathrm{B}}T}\right) - 1}\, dE$$

となるが、この式では、ボーズ凝縮した状態を反映できないのである。それは、運動量空間の状態密度

$$D(E) = \frac{2\pi V}{h^3}(2m)^{\frac{3}{2}}\sqrt{E}$$

では、$E=0$ に対応した状態数が $D(0)=0$ となるからである。

つまり、この式を使う限り、ボーズ凝縮には対応できないことになる。ただし、有限のエネルギー $E>0$ では、粒子数に対応するはずである。よって、ボーズ凝縮した粒子数を N_0 として

$$N = N_0 + A\int_0^\infty \frac{E^{1/2}}{\exp\left(\dfrac{E}{k_\mathrm{B}T}\right)-1}\, dE$$

と修正する。ただし

$$A = \frac{2\pi V}{h^3}(2m)^{\frac{3}{2}}$$

である。ここで、積分において

$$t = \beta E = \frac{E}{k_\mathrm{B}T}$$

とすれば

$$dE = k_\mathrm{B}Tdt$$

から

$$\int_0^\infty \frac{E^{1/2}}{\exp\left(\dfrac{E}{k_\mathrm{B}T}\right)-1}\, dE = (k_\mathrm{B}T)^{\frac{3}{2}}\int_0^\infty \frac{t^{1/2}}{e^t-1}dt = (k_\mathrm{B}T)^{\frac{3}{2}}I(0) = \frac{\sqrt{\pi}}{2}\varsigma\left(\frac{3}{2}\right)(k_\mathrm{B}T)^{\frac{3}{2}}$$

となる。したがって

$$N = N_0 + \varsigma\left(\frac{3}{2}\right)\frac{V}{h^3}(2\pi mk_\mathrm{B}T)^{\frac{3}{2}}$$

という関係が得られる。

演習 8-4　ボーズ凝縮する粒子数 N_0 の温度依存性を、ボーズ凝縮の臨界温度 T_c を利用して求めよ。

解）　先ほど求めた臨界温度 T_c と $\zeta(3/2)$ の関係を思いだそう。それは

$$\varsigma\left(\frac{3}{2}\right) = \frac{N}{V}\left(\frac{h^2}{2\pi mk_B T_c}\right)^{\frac{3}{2}}$$

であった。これを今求めた粒子数

$$N = N_0 + \varsigma\left(\frac{3}{2}\right)\frac{V}{h^3}(2\pi mk_B T)^{\frac{3}{2}}$$

に代入すると

$$N = N_0 + N\left(\frac{T}{T_c}\right)^{\frac{3}{2}}$$

となり、結局

$$N_0(T) = N\left\{1 - \left(\frac{T}{T_c}\right)^{\frac{3}{2}}\right\}$$

という関係が得られる。

　いま求めた式の T に T_c を代入すると

$$N_0(T_c) = N\left\{1 - \left(\frac{T_c}{T_c}\right)^{\frac{3}{2}}\right\} = 0$$

となり、臨界温度では、ボーズ凝縮した粒子数は 0 であるが、$T < T_c$ では、その粒子数が増えていく。そして、$T = 0\,[\mathrm{K}]$ では

$$N_0(0) = N\left\{1 - \left(\frac{0}{T_c}\right)^{\frac{3}{2}}\right\} = N$$

となり、すべての粒子がボーズ凝縮することになる。その様子を図 8-3 に示す。

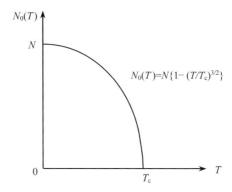

$$N_0(T) = N\{1 - (T/T_c)^{3/2}\}$$

図8-3　ボーズ凝縮する粒子数の温度依存性

8.5.　ボーズ気体のエネルギー

　それでは、理想ボーズ気体のエネルギーを求めてみよう。内部エネルギーUは、状態密度 $D(E)$ とボーズ分布関数 $f(E)$ を使って

$$U = \int_0^\infty E\, f(E) D(E)\, dE$$

と与えられる。よって

$$U = A \int_0^\infty \frac{E^{\frac{3}{2}}}{\exp\!\left(\dfrac{E - \mu}{k_{\mathrm B} T}\right) - 1}\, dE$$

となる。ただし

$$A = \frac{2\pi V}{h^3}(2m)^{\frac{3}{2}}$$

である。

演習 8-5　ボーズ凝縮した状態である $\mu = 0$ の場合の内部エネルギー U を求めよ。

解)　上記の U の表式に $\mu = 0$ を代入すると

$$U = A\int_0^\infty \frac{E^{\frac{3}{2}}}{\exp\left(\dfrac{E}{k_B T}\right) - 1} dE$$

となる。$t = \beta E = \dfrac{E}{k_B T}$　という変数変換を行うと　$dt = \dfrac{1}{k_B T}dE$　から

$$U = A(k_B T)^{\frac{5}{2}} \int_0^\infty \frac{t^{3/2}}{e^t - 1}dt$$

となる。ここで補遺 8-1 に示した関係

$$\int_0^\infty \frac{t^{s-1}}{e^t - 1}dt = \Gamma(s)\cdot\varsigma(s)$$

を使うと

$$\int_0^\infty \frac{t^{3/2}}{e^t - 1}dt = \Gamma\left(\frac{5}{2}\right)\varsigma\left(\frac{5}{2}\right) = \frac{3}{4}\sqrt{\pi}\varsigma\left(\frac{5}{2}\right)$$

となる。

　よって

$$U = A(k_B T)^{\frac{5}{2}} \int_0^\infty \frac{t^{3/2}}{e^t - 1}dt = \frac{3}{4}\sqrt{\pi}\,\varsigma\left(\frac{5}{2}\right)A(k_B T)^{\frac{5}{2}}$$

となる。

$$A = \frac{2\pi V}{h^3}(2m)^{\frac{3}{2}}$$

であったので

$$U = \frac{3}{4}\sqrt{\pi}\varsigma\left(\frac{5}{2}\right)\left\{\frac{2\pi V}{h^3}(2m)^{\frac{3}{2}}\right\}(k_B T)^{\frac{5}{2}} = \frac{3}{2}\varsigma\left(\frac{5}{2}\right)\left\{\frac{V}{h^3}(2m\pi)^{\frac{3}{2}}\right\}(k_B T)^{\frac{5}{2}}$$

となる。

　したがって、臨界温度よりも低い温度領域における理想ボーズ気体の内部エネルギーは $T^{5/2}$ に比例する。また、比熱は

$$C_V = \frac{dU}{dT} = \frac{15}{4}\varsigma\left(\frac{5}{2}\right)\left\{\frac{V}{h^3}(2m\pi)^{\frac{3}{2}}\right\}k_B^{\frac{5}{2}}T^{\frac{3}{2}}$$

となる。

演習 8-6　理想ボーズ気体の臨界温度 T_c 以下における内部エネルギー U を、T_c を使って示せ。

解）　内部エネルギーは

$$U = \frac{3}{2}\varsigma\left(\frac{5}{2}\right)\left\{\frac{V}{h^3}(2m\pi)^{\frac{3}{2}}\right\}(k_B T)^{\frac{5}{2}} = \frac{3}{2}\varsigma\left(\frac{5}{2}\right)\left\{\frac{V}{h^3}(2\pi m k_B T)^{\frac{3}{2}}\right\}k_B T$$

と与えられる。

臨界温度 T_c は

$$T_c^{\frac{3}{2}} = \frac{N}{\varsigma(3/2)V}\left(\frac{h^2}{2\pi m k_B}\right)^{\frac{3}{2}}$$

であった。よって

$$\varsigma\left(\frac{3}{2}\right)\frac{T_c^{\frac{3}{2}}}{N} = \frac{1}{V}\left(\frac{h^2}{2\pi m k_B}\right)^{\frac{3}{2}}$$

ここで U の $\{\ \}$ 内をみると

$$\frac{V}{h^3}(2m\pi k_B)^{\frac{3}{2}} = V\left(\frac{2m\pi k_B}{h^2}\right)^{\frac{3}{2}} = \frac{N}{\varsigma\left(\frac{3}{2}\right)T_c^{\frac{3}{2}}}$$

となるので

$$U = \frac{3}{2}\frac{\varsigma\left(\frac{5}{2}\right)}{\varsigma\left(\frac{3}{2}\right)}\left(\frac{T}{T_c}\right)^{\frac{3}{2}}N k_B T$$

と与えられる。よって

$$\varsigma\left(\frac{5}{2}\right) = 1.342... \qquad \varsigma\left(\frac{3}{2}\right) = 2.612...$$

を代入すると

$$U = 0.771 \left(\frac{T}{T_c} \right)^{\frac{3}{2}} N k_{\mathrm{B}} T$$

となる。

いま求めた式を使って、比熱 C_V を求めると

$$U = 0.771 \left(\frac{T}{T_c} \right)^{\frac{3}{2}} N k_{\mathrm{B}} T \quad \text{を} \quad U = 0.771 \left(\frac{1}{T_c} \right)^{\frac{3}{2}} N k_{\mathrm{B}} T^{\frac{5}{2}}$$

として

$$C_V = \frac{dU}{dT} = 0.771 \times \frac{5}{2} \times \left(\frac{1}{T_c} \right)^{\frac{3}{2}} N k_{\mathrm{B}} T^{\frac{3}{2}} = 1.93 N k_{\mathrm{B}} \left(\frac{T}{T_c} \right)^{\frac{3}{2}}$$

となる。ここで

$$\frac{C_V}{N k_{\mathrm{B}}} = 1.93 \left(\frac{T}{T_c} \right)^{\frac{3}{2}}$$

として、$C_V / N k_{\mathrm{B}}$ の温度依存性を考えてみる。

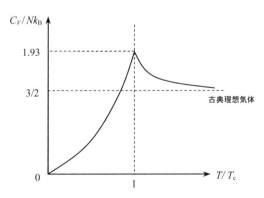

図 8-4　ボーズ粒子の比熱の温度依存性

高温域では、通常の古典的なミクロ粒子の内部エネルギーと同じになると考え

られるので

$$C_V = \frac{3}{2} N k_\mathrm{B} \qquad \text{から} \qquad \frac{C_V}{N k_\mathrm{B}} = \frac{3}{2}$$

となる。結局、ボーズ粒子の比熱の温度依存性は図 8-4 のようになる。このように、ボーズ凝縮の臨界温度 T_c においては、比熱の急激な変化が観測されるものと考えられる。

　実際に、超伝導転移においても、その臨界温度で、比熱の急激な変化が観察されている。ただし、比熱の飛びは、相転移現象に絡んで生じるものなので、いまの計算結果と、超伝導転移を単純に同じものとみなすことはできないことを付記しておきたい。

　また、ボーズ凝縮は、**ボーズ-アインシュタイン凝縮** (Bose-Einstein condensation) とも呼ばれ、BEC と略される。1924 年にボーズがアインシュタインに手紙を送り、光子に関するボーズ凝縮の可能性を示唆する論文を同封する。アインシュタインはその重要性に気づき、一般の気体分子にボーズの考えを拡張し、1925 年に共著論文を発表する。このため、ボーズ-アインシュタイン凝縮と呼ばれているのである。

補遺 8-1　ゼータ関数とガンマ関数

ゼータ関数 (ς function) の定義は

$$\varsigma(s) = \frac{1}{1^s} + \frac{1}{2^s} + \frac{1}{3^s} + ... + \frac{1}{n^s} + ... = \sum_{n=1}^{\infty} \frac{1}{n^s}$$

である。ここで s は任意の実数であるが、複素数に拡張することも可能である。

いくつか、代表的なゼータ関数の値を示すと

$$\varsigma(4) = \frac{1}{1^4} + \frac{1}{2^4} + \frac{1}{3^4} + ... + \frac{1}{n^4} + ... = \frac{\pi^4}{90} \cong 1.0823$$

となる。

すでに紹介したように、**ガンマ関数** (Γ function) はつぎの積分によって定義される特殊関数である。

$$\Gamma(x) = \int_0^{\infty} t^{x-1} e^{-t} dt$$

ここで、ガンマ関数の変数を s と置いて、ゼータ関数との積を計算してみよう。すると

$$\Gamma(s)\varsigma(s) = \left(\int_0^{\infty} t^{s-1} e^{-t} dt \right) \left(\sum_{n=1}^{\infty} \frac{1}{n^s} \right) = \int_0^{\infty} \sum_{n=1}^{\infty} \frac{1}{n^s} t^{s-1} e^{-t} dt$$

となる。

最後の積分において、$t=nx$ と変数変換してみよう。すると $dt = n\,dx$ となり

$$\int_0^{\infty} \sum_{n=1}^{\infty} \frac{1}{n^s} t^{s-1} e^{-t} dt = \int_0^{\infty} \sum_{n=1}^{\infty} \frac{1}{n^s} (nx)^{s-1} e^{-nx} n\,dx = \int_0^{\infty} \sum_{n=1}^{\infty} x^{s-1} e^{-nx} dx$$

$$= \int_0^{\infty} x^{s-1} \sum_{n=1}^{\infty} e^{-nx} dx$$

と変形できる。ここで

$$\sum_{n=1}^{\infty} e^{-nx} = e^{-x} + e^{-2x} + e^{-3x} + ... + e^{-nx} + ...$$

は、初項が e^{-x} であり、公比が e^{-x} の無限等比級数の和であるから

$$\sum_{n=1}^{\infty} e^{-nx} = \frac{e^{-x}}{1-e^{-x}}$$

となる。分子、分母に e^x を乗じると

$$\sum_{n=1}^{\infty} e^{-nx} = \frac{1}{e^x-1}$$

となる。したがって

$$\Gamma(s)\varsigma(s) = \int_0^{\infty} \frac{x^{s-1}}{e^x-1}\, dx$$

という積分となる。よって

$$\varsigma(s) = \frac{1}{\Gamma(s)} \int_0^{\infty} \frac{x^{s-1}}{e^x-1} dx$$

と与えられ、これがゼータ関数の積分表示となる。ここで、$s = 3/2$ のとき

$$\int_0^{\infty} \frac{x^{1/2}}{e^x-1} dx = \Gamma\left(\frac{3}{2}\right)\varsigma\left(\frac{3}{2}\right)$$

となる。

　ちなみに、ゼータ関数は

$$\varsigma\left(\frac{3}{2}\right) = 1 + 2^{-\frac{3}{2}} + 3^{-\frac{3}{2}} + ... + 10^{-\frac{3}{2}} + ...$$

という数列を計算すればよく、簡単な計算ソフトを使って求められ

$$\varsigma\left(\frac{3}{2}\right) = 2.612...$$

となる。同様にして

$$\varsigma\left(\frac{5}{2}\right) = 1 + 2^{-\frac{5}{2}} + 3^{-\frac{5}{2}} + ... + 10^{-\frac{5}{2}} + ...$$

から

$$\varsigma\left(\frac{5}{2}\right) = 1.342...$$

と計算できる。

おわりに

　以上で、統計力学の基礎編は終了する。本書では、いきなりなじみのない「カノニカル」という用語が登場し、戸惑ったひとも多いかもしれない。これは、教会用語であり、日本語では「正準」と訳される。

　しかし、用語にこだわっている必要はない。統計力学では、「ミクロカノニカル」「カノニカル」「グランドカノニカル」という集団は、それぞれ「孤立した系」「エネルギーが外部とやりとりできる系」「エネルギーと粒子が外部とやりとりのできる系」のことを意味すると理解しておけばよい。

　そのうえで、これら系を利用することで、ミクロ粒子集団の特性から、マクロな熱力学関数や物理量の説明が可能であることを学んだと思う。量子力学の考えが登場したり、特殊関数と呼ばれるなじみのない関数が登場したが、じっくり腰を据えて取り組めば、理解が可能であることがわかったはずだ。

　グランドカノニカルの手法を利用して、フェルミ粒子とボーズ粒子の集団の特性まで説明したが、これは量子力学の多体問題の基礎となるものである。その意味では、本書によって、かなり高いレベルの知識を手に入れたことになる。

　つぎのステップは、基礎編で学んだ知識をもとに、実際の系への応用を経験することである。その際、重要になるのが、本書で登場した「分配関数」あるいは「状態和」である。ぜひ、「統計力学－応用編」に挑戦してほしい。実践を通して、統計力学の理解がより深まるはずだ。

著者紹介

村上　雅人

理工数学研究所　所長　工学博士
情報・システム研究機構　監事
2012 年より 2021 年まで芝浦工業大学学長
2021 年より岩手県 DX アドバイザー
現在、日本数学検定協会評議員、日本工学アカデミー理事
技術同友会会員、日本技術者連盟会長
著書「大学をいかに経営するか」（飛翔舎）
「なるほど生成消滅演算子」（海鳴社）
など多数

飯田　和昌

日本大学生産工学部電気電子工学科　教授　博士（工学）
1996 年-1999 年　TDK 株式会社
1999 年-2004 年　超電導工学研究所
2004 年-2007 年　ケンブリッジ大学　博士研究員
2007 年-2014 年　ライプニッツ固体材料研究所　上席研究員
2014 年-2022 年　名古屋大学大学院工学研究科物質科学専攻　准教授

小林　忍

理工数学研究所　主任研究員
著書「超電導の謎を解く」（C&R 研究所）
「低炭素社会を問う」（飛翔舎）
「エネルギー問題を斬る」（飛翔舎）
「SDGs を吟味する」（飛翔舎）
監修「テクノジーのしくみとはたらき図鑑」（創元社）

―理工数学シリーズ―

統計力学　基礎編

2023 年　3 月　31 日　第 1 刷　発行
2024 年　2 月　15 日　第 2 刷　発行

発行所：合同会社飛翔舎　https://www.hishosha.com
　　　　住所：東京都杉並区荻窪三丁目 16 番 16 号
　　　　電話：03-5930-7211　FAX：03-6240-1457
　　　　E-mail: info@hishosha.com

編集協力：小林信雄、吉本由紀子
組版：小林忍
印刷製本：株式会社シナノパブリッシングプレス

飛翔舎の本

高校数学から優しく橋渡しする ―理工数学シリーズ―

「統計力学　基礎編」　　　　　　　　A5 判 220 頁　　2000 円
村上雅人・飯田和昌・小林忍
統計力学の基礎を分かりやすく解説。目からうろこのシリーズの第一弾。

「統計力学　応用編」　　　　　　　　A5 判 210 頁　　2000 円
村上雅人・飯田和昌・小林忍
統計力学がどのように応用されるかを解説。現代物理の礎となった学問が理解できる。

「回帰分析」　　　　　　　　　　　　A5 判 288 頁　　2000 円
村上雅人・井上和朗・小林忍
データサイエンスの基礎である統計検定と AI の基礎である回帰が学べる。

「量子力学 I 行列力学入門」全三部作　A5 判 188 頁　　2000 円
村上雅人・飯田和昌・小林忍
量子力学がいかに建設されたのかが分かる。未踏の分野に果敢に挑戦した研究者の物語。

「線形代数」　　　　　　　　　　　　A5 判 236 頁　　2000 円
村上雅人・鈴木絢子・小林忍
量子力学の礎「行列の対角化」の導出方法を丁寧に説明。線形代数の汎用性が分かる。

高校の探究学習に適した本 ―村上ゼミシリーズ―

「低炭素社会を問う」　村上雅人・小林忍　　四六判 320 頁　1800 円
多くのひとが語らない二酸化炭素による温暖化機構を物理の知識をもとに解説

「エネルギー問題を斬る」　村上雅人・小林忍　四六判 330 頁　1800 円
エネルギー問題の本質を理解できる本

「SDGs を吟味する」　村上雅人・小林忍　　四六判 378 頁　1800 円
世界の動向も踏まえて SDGs の本質を理解できる本

大学を支える教職員にエールを送る ―ウニベルシタス研究所叢書―

「大学をいかに経営するか」　村上雅人　　　四六判 214 頁　1500 円

「プロフェッショナル職員への道しるべ」 大工原孝　四六判 172 頁　1500 円

「粗にして野だが」　山村昌次　　　　　　　四六判 182 頁　1500 円

「教職協働はなぜ必要か」　吉川倫子　　　　四六判 170 頁　1500 円

「ナレッジワーカーの知識交換ネットワーク」　A5 判 220 頁　3000 円
村上由紀子
高度な専門知識をもつ研究者と医師の知識交換ネットワークに関する日本発の精緻な
実証分析を収録

価格は、本体価格